生命中的不速之客

超越恐惧、焦虑和羞耻感，活出自在人生

〔美〕哈丽特·勒纳（Harriet Lerner）著
钟达锋 译

The Dance of Fear

Rising Above Anxiety, Fear, and Shame to Be Your Best and Bravest Self

图书在版编目（CIP）数据

生命中的不速之客：超越恐惧、焦虑和羞耻感，活出自在人生 /（美）哈丽特·勒纳（Harriet Lerner）著；钟达锋译．—北京：机械工业出版社，2018.10（2024.7 重印）
书名原文：The Dance of Fear: Rising Above Anxiety, Fear, and Shame to Be Your Best and Bravest Self

ISBN 978-7-111-60960-5

I. 生… II. ①哈… ②钟… III. 焦虑－心理调节－通俗读物 IV. B842.6-49

中国版本图书馆 CIP 数据核字（2018）第 215336 号

北京市版权局著作权合同登记 图字：01-2018-4373 号。

生命中的不速之客

超越恐惧、焦虑和羞耻感，活出自在人生

出版发行：机械工业出版社（北京市西城区百万庄大街 22 号 邮政编码：100037）
责任编辑：朱婧琬
责任校对：殷 虹
印 刷：北京建宏印刷有限公司
版 次：2024 年 7 月第 1 版第 2 次印刷
开 本：147mm × 210mm 1/32
印 张：8.875
书 号：ISBN 978-7-111-60960-5
定 价：49.00 元

客服电话：（010）88361066 88379833 68326294

赞 誉

这本振奋精神的书给读者带来了勇气和智慧，令读者莞尔、捧腹。理清人生最糟糕的情绪，直面人生最困难的处境，勒纳不愧为这方面的大师。她的文字融合了幽默、雅致与希望。她的忠言让你受益终身。

——爱德华·哈洛韦尔，医学博士，

著有《分心不是我的错》

诙谐有趣的作品……细致周到，可读性高的人生沉思。

——《出版人周刊》

绝对是改变你人生的作品，全书充满了新鲜感和积极向上的幽默。关于焦虑、恐惧和羞耻的故事，在勒纳的讲述中变得如此鲜明、引人入胜。如果你能像我一样遵循她的良言忠告，你每天的生活也会像我的一样，变得越来越好。

——贝蒂·卡特，社会工作学硕士，

纽约市西彻斯特家庭学院荣誉主任

哈丽特·勒纳是一位出色、智慧的心理治疗师，也是一位纯粹真实、滑稽有趣的治疗师。她货真价实，当此美誉。她在应对恐惧、焦虑和羞耻方面的教导，是我们拥有美满幸福创意人生的关键所在。

——琼·波利申科，博士，

著有《留意身体，修补心灵》

这完全是一部精彩之作！心有多大，人生就有多广阔，而本书将助你拓展心灵，丰富人生。我已经把该书的精华应用到了自己的生活和工作之中，发现它既是心灵良药，也是案头佳品。谢谢你，哈丽特！

——玛莎·贝克，

《奥普拉杂志》专栏作家

勒纳具有一种天赋，能让我们明白需要面对什么及战胜什么。她的建言直入人心，使人茅塞顿开，获得心灵释放，同时也是立即可行的。

——佩珀·施瓦尔兹，博士，

华盛顿大学社会学教授

该书具有精彩绝伦的洞见！

——《图书馆杂志》

译 者 序

现代人，无论是工作还是生活，都有一种普遍的压力感，于是网络上有了“压力山大”的哀叹。“压力山大”的直接后果是精神焦虑：升学焦虑、求职焦虑、婚恋焦虑、晋升焦虑、疾患焦虑……焦虑无处不在。紧张焦虑，本质是内心隐藏的恐惧。现代文明使人类在很大程度上摆脱了洪水猛兽等直接生命威胁，但恐惧心理并未消除，也无法消除，因为正如本书作者所言，焦虑、恐惧、羞耻感是闯入我们生命的不速之客，我们无法将它们拒之门外。

但恐惧在大多数时候是不必要的负面情绪，大大降低了我们的生活质量。羞耻感源自对自身缺陷的焦虑，焦虑是对将要进行的活动或可能发生事情的恐惧，而恐惧心理又将实际并未产生甚至莫须有的痛苦强加于自己的内心。西谚有云：“懦夫死千遍，勇士亡一回。”面对死亡这一终极恐惧，勇者安之泰然，而怯者惶惶终日，把一次性的生命终结变成无数次的痛苦折磨，最终却无法逃避死亡。世间恐惧，一切可畏之物，概莫如此。

既无可回避，亦不可任其肆虐，我们所能做的只有与其共舞，舞出精彩人生：这就是本书英文书名*The Dance of Fear*的喻意。作者哈丽特·勒纳作为美国顶级心理专家，在本书中教我们深挖恐惧的心理根源，在保持一定距离的同时，与之形成良性互动，既不退缩回避而陷入心理瘫痪，也不暴躁冒进而被恐惧吞噬。

作者围绕恐惧这一话题，结合心理学知识，给我们讲述了20世纪70年代到21世纪初一个个普通人的故事。这些平凡的故事，对于现代中国读者来说，虽有时空距离，但并不会感到陌生与隔膜，因为如今的中国已然进入现代社会，现代人的生活方式、情感观念，以及心理困扰，大致趋同。相信中文读者透过译文也能感受到书中美国普通人的喜怒哀乐以及作者的幽默睿智与谆谆 劝导。

翻译何尝不是一个充满焦虑的过程？译者也须与之共舞。所幸者，所谓人同此心，心同此理，人类语言文字千差万别，但心灵相通，道理一致——心理类读物尤其如此，语言不构成很大的障碍。

钟达锋

2018年9月

The Dance of Fear

目 录

The Dance of Fear

第1章

人为什么不能活得更像一只猫

聊到本书的主题，邻居心事重重地对我说："焦虑恐惧让我诸事无成。"接着她不假思索地大谈同事卡门，说卡门由内而外透露着宁静、快乐、平和之感，大家都喜欢和她在一起。"卡门从不感到焦虑恐惧，也没有其他不良情绪，她总能随遇而安，她真的每天都过得很充实。"停了一会儿，她喘口气，大声宣布："能像卡门那样，要我做什么都愿意！"

她说得如此诚恳，语气如此坚定，让我不忍心提醒她，也许卡门也有多重人格，也许她的另一个自我正默默地待在某个角落，整个人陷入全面恐慌之中。我没这样说，但我告诉她：在我认识的所有事物中，唯一不受恐惧困扰、总是"随遇而安"的，是我养的猫——菲利克斯。菲利克斯还活着的时候，我很渴望像它那样活着，正如我的邻居渴望像卡门一样。对此我有话说。

菲利克斯，我的模范榜样

菲利克斯是我的小佛陀，是我灵性生活的好榜样。面对威胁，它展现出一种"打得赢就打，打不赢就跑"的健康反应，它在该恐惧的时候才感到恐惧。被关进提笼的那一刻它才开始焦躁不安，因为它知道我要开车带它去看兽医了。除此之外，它不会让恐慌、忧虑、思索破坏了本该完美的一天。

与之形成对比的是我们人类的心理体验，我想起小时候第一次打预防针的情形。打针前整整一个星期，我整天恐慌不安，脑子里充满了各种恐怖的想象，都是长长的针头、刺心的疼痛。我母亲平时喜欢讲些人生格言，她劝我说："懦夫死千遍，勇士亡一回。"这句话是她从我舅舅那里学来的，舅舅曾参加过第二次世界大战。

但我根本无法从母亲的话中找到安慰。九岁大的孩子怎么听得进这些话？我不勇敢，也不是战士，母亲怎么能跟我讲死亡呢？长大后，有了点儿抽象思维能力，我才理解她想跟我讲的道理。本质上说，母亲是在鼓励我要像菲利克斯一样。

菲利克斯就活在当下，它玩的时候就是在玩，吃的时候就是在吃，交配的时候就是在交配，完全不受恐惧、羞耻、恶感的羁绊。一旦"被定下来"（这是做猫的一个缺点），它立马全盘接受自己的处境。"身在何处即心在何处"，我想就是它的处世格言。这种活在当下的天性赋予了菲利克斯深厚的自我接纳能力。舔舐皮毛时，它不会担心舔得好不好，也不会想舔完全身会不会花太长的时间，更不会想身体的某个部位是不是不太雅观，不能在晚餐时让我的客人看到。它也不会把精力消耗在这样的焦虑思索中："把时间都浪费在这些没成果、没创造性的琐事上，我这是怎么了？"

因为菲利克斯不受恐惧焦虑的驱使，所以它能活出本真的自我。它想和我亲近，就跳到我的大腿上，没有丝毫犹豫，根本不会考虑我会不会因此觉得它太无聊、太黏人（特别是对一只猫来说）。觉得不想和我在一起，它就同样泰然自若地从我腿上跳下来，大摇大摆地走出房间，从不担心我会对它的不辞而别耿耿于怀，伤心难过。它还有很多类似的表现，你可以想象到。

研究社会生物学的朋友说，我把菲利克斯的内心情感和精神活动理想化了，但我不这么认为。我并没有说所有的猫都像菲利克斯一样。我也亲眼见到一些受过严重创伤的猫，陌生人一靠近，有的蜷缩发抖，有的嚎叫抓狂。而菲利克斯与我朝夕相处十几年，直到那天下午它趴在后院走廊上昏迷不醒。以我十几年的观察，我十分确信，深陷恐慌和羞耻根本不符合它的天性。

◎ 认命吧，你是人类

当然菲利克斯并非赢者通吃，如果说它免除了做人的痛苦，那么它也错过了人类独有的快乐，大到爱情的甜蜜，小到阅读的乐趣。做人好还是做猫好，也许可以辩论一番，但又何必呢？你在阅读本书就说明你不是一只猫，而且永远也不会变成一只猫。所以，伴随着开心快乐的时光，你也必然会体验到一系列痛苦的情感，正是这些情感体验构成了我们人类。

是人类就意味着你可能夜里三点醒来，摸着胸看有没有肿块。是人类你就可能担心女儿又不去戒毒所做药物治疗，担心伴侣对你心生厌倦，担心辞职后找不到工作流浪街头，担心记忆力日渐衰退，担心哪一天精神病发作。

这样的担心，每个人都可以列个自己的清单。焦虑、恐惧、羞耻感，这“三巨头”扰乱了我们的人生，没人对它们完全免疫。它们是人生的不速之客，当悲剧和苦难降临时，它们时常不请自来，伴随左右。

六步就能轻松战胜恐惧获得幸福?

摆脱恐惧焦虑，你就能一飞冲天，返老还童，招来一群既狂野性感又温柔体贴的追求者。每次看到一些狂热煽情的书开出大而愚蠢的空头支票，我就毛发倒竖，怒不可遏。最近读到一本新的自助指南，让我大跌眼镜，里面说：“无论生活如何艰难，任何人任何时候都能获得幸福。”这样的说法让我忍不住放纵一下自己卑劣的想法，比如祈祷该书作者哪天遭受不可弥补的巨大损失，这样就可以检验一下他所谓的“幸福”理论了。我是个善良的人，这些想法只不过是转瞬即逝的不够厚道的念头而已。不过我仍然认为，对人们说无论他们的处境多么可怕，只要学点儿技巧，有个积极的态度，就能改变现实，转危为安，这是轻侮傲慢不诚实，也是极不负责任的。

当然，我们每一个人都可以朝着减少焦虑恐惧，获得宁静、关爱、平和的方向前进。这完全是一项有前景、值得努力的事业。沉思冥想、心理治疗、广交朋友、追求创造、体育锻炼、瑜伽练习、养花种草、交流谈心、读书看报、聆听音乐等，能使我们心智更健康、更完整，从而摆脱恐惧的魔爪，但这些方法只是其中的一小部分。辅以一定的练习，我们也能改变习惯性思维方式。我们无法阻止厄运降临，但可以阻止自己对过往没完没了的纠缠和对未来无尽的渴望，可以培养对现在所拥有的事物有更深的理解和欣赏。然而，应对人生中的恐惧和痛苦，即使是日常生活中的压力，也没有速战速决的办法。

解码恐惧

恐惧不可战胜，不能根除，甚至可以说无法克服。既如此，我们该做的是听取它暗含的信息。大多数人把恐惧感视为停止信号，就像路口闪烁的红灯向我们发出警告："危险！禁止进入！"但我们仍需解码这一信号，弄清楚它要传达的意义。危险的实际本质是什么？是过去的还是现在的？是实实在在的还是想象中的？感到紧张害怕，是因为我们正大胆地构想未来的蓝图，还是因为我们接着就要做愚蠢的事了？

我们有时突然感到害怕或者突然一阵焦虑，那是潜意识发出的警告：你的生活已脱离常轨。也许不该发那封怒气冲冲的邮件；也许不该买那栋众人吹捧的豪华旧别墅；也许不该草率地接下那份工作，卷入那次争吵，进行那次旅行，不该草率地结婚、离婚。在这些情况下，恐惧感就是我们充满智慧的保护神，值得尊敬和颂扬。

然而如果把恐惧感视为永远正确的警示，那我们就可能永远都不敢去看医生，可能激情满怀也说不出口，关系进入“死胡同”也不敢退出。很多时候我们必须将恐惧置于脑后，带着剧烈的心跳，下定决心，勇敢前行。

还有很多时候，我们要确定恐惧的真实来源，恐惧来自过去还是现在，我们可能并没有看清楚。比如，害怕当面向丈夫提出要求，可能只是潜在的长期压抑的恐惧的表征，其真实来源是小时候害怕忤逆父亲。这样辨清恐惧焦虑的深层次源头，有助于你与伴侣进行开诚布公的交流。恐惧是个信号，有时有益，有时无益，但往往传递了关键信息，能反映我们的信念、需要，反映我们与周围世界的关系。

还有最后一种恐惧需要我们解码，那就是我们根本感觉不到的恐惧，或者说是没有意识到的恐惧。不能正视焦虑，也无法辨清其源头，结果我们就以恶劣的方式宣泄出来，拼命加班、攻击同事、责骂孩子，同时还觉得这些行为合情合理，完全正当。

焦虑感长期居高不下，会造成更严重的后果，比如贪婪、偏执、迁怒于人、诉诸暴力，以及其他恶行。在这个充满焦虑的时代，无论是个人关系还是公共政治，人们接受某一观念或做出某一决定，都不是建立在兼顾历史和未来的清晰思路之上，而是充满恐惧焦虑的非理性选择。学会识别反映焦虑的表现，鉴别加剧焦虑的行为，学会管控自身焦虑情绪，不让其造成伤害，要靠我们自己，也要靠他人的帮助。

恐惧并活着

也许有人说，只要对焦虑和恐惧敬而远之，它们就不会来找我们麻烦。也许我们可以把生活限定在自己熟悉的小范围内，守旧求稳，明哲保身；也许我们不知道自己不仅害怕失败、拒绝、批评、矛盾、竞争，也害怕冒险、亲密，甚至害怕成功，因为我们没有检验自身潜能和创造力的极限。为了避免恐惧焦虑，我们回避风险，拒绝改变。而我们面对的考验是：拥抱新环境，深入人生新境界，以直面恐惧、战胜恐惧。

有些人（我想到的是詹姆斯·邦德）能逃避焦虑和恐惧，因为他们切断了与情感生活的联系。我承认我羡慕这样的人，他们好像毫无畏惧地跨过了人生的艰难险阻，但我也清楚地意识到，这样的“大无畏”让他们付出了一定的代价。人类的情感性格是个一揽子协议，你回避或拒绝了一些带来痛苦的要素，就必须放弃一些人性美好的部分。如果你从不感到恐惧，就可能也感觉不到同情、好奇与快乐。恐惧也许不是什么好事，但它表明我们正全方位地活着。

◎ 团结之惧与孤立之惧

“9·11”带来的恐惧直插美利坚民族精神的心脏地带。恐怖袭击后几个月，我就收集满了两大箱的材料。一个箱子塞满报纸杂志，里面的文章讨论了人们如何应对面对恐怖袭击带来的严重脆弱感。另一个箱子装着文献资料，研究心理治疗师如何帮助人们控制恐惧情绪。我想，其中很多建议对我们处理人生路上所有可能发生的恐怖事件都适用。比如以下几条。

1. 说出来！说出来！说出来！

2. 积极了解事实真相。信息不畅会滋生幻想和谣言，加深恐惧和焦虑。

3. 适当提高警惕。回避一些风险无可厚非，无须难堪。

4. 以上三条，适可而止，保持在理性范围内。

5. 避开诱发你过激反应的活动（比如，你可以关掉电视）。

6. 找到能使你心里平静的活动（比如，关掉电视后散散步或做瑜伽）。

7. 保持应有的态度。可怕的事情时有发生，但世界仍充满爱和希望。

8. 保持联系！保持联系！保持联系！

“9·11”当然不是许多美国人（特别是弱势群体）第一次感到自己可能成为仇恨和残暴势力的攻击对象，但是“9·11”恐怖袭击显然不是一般的造成恐慌的事件。这次灾难的性质和范围，加上电视媒体每时每刻滚动播放，接下来的反恐战争及其余波，白宫反复多次的恐怖袭击预警，都将美国全国性的恐慌提升到了一个前所未有的高度。

与此同时，用蕾切尔·内奥米·雷曼博士的话来说，这场焦虑和悲痛的“全国大会诊”促成了一种人与人之间深度连接的全民体验，一种人人都是其中一分子的感觉。在纽约，在美国全国，人们团结一心，应对灾难，与家人、与朋友，甚至与陌生人联系得更紧密了。那些灾难中遭受损失的人知道，成千上万的人与他们感同身受。说声“9·11”，每个美国人都会心照不宣——全世界都理解其含义。这一事件的严重性得到了所有人的认可。

相反，你作为个体经历可怕事件的时候，内心的恐惧可能说不出口，没人理解，甚至没人相信。也许家人挚友也不愿听你倾诉，或者说不想听你讲完。他们表现得好像那件让你焦虑的事根本不存在，从没发生过，或者虽然有这事但是你反应过度了。结果，你的反应是感觉自己被孤立、被抛弃了。你会为实实在在的恐惧和痛苦感到惭愧，为自己不能振作精神、自强自立、不能以坚信“我能行”的美国精神勇往直前而感到内疚。你会抱怨为什么老天“选择”你去经受这些苦难，是不是上辈子做错了什么事招致如此灾祸。这样的个人危机不仅特别容易激发恐惧焦虑，而且容易招来其他“不速之客”，比如羞耻感、孤独感和抑郁情绪。

虽然个人危机不同于重大的灾难性悲剧，但恐惧是人类普遍的体验，如果处理得当，可以将我们聚在一起，团结奋进。总有一天，这个世界会给我们上一堂灾难课，告诉我们人类是多么脆弱，教育我们要互相帮助。我们无法回避恐惧和痛苦，但是可以选择正确面对，通过各种方式恢复完整的人格，恢复与外界的健康联系。恐惧教会我们如何参与“互助互爱”这一人性最基本的活动。

关于本书

起初我想写写关于恐惧的问题，主要是有感于其对每个人生活影响之大，或使我们在爱情和事业中裹足不前，或把我们推向灾难的深渊。实际上，焦虑、恐惧和羞耻感（接下来我会谈到）几乎是所有需要心理咨询的问题背后的元凶，包括愤怒情绪、两性关系、自我价值认同等多方面的问题。给人类所有问题列一个全面清单，那必然是一张长长的单子，但无论是个人事务还是公共领域，给人类的不幸火上浇油的，都可归结为这三种心理反应：焦虑、恐惧和羞耻感。

更准确地说，应对这三位“不速之客”的不当方式，造成或者加剧了我们的痛苦。了解这些心理反应如何影响我们的生活，学会在陷入其中时把控好自我，也许没有什么事比这更重要了。

• • •

对于各种负面情绪，我也不是旁观者，所以在后面的章节中，我将分享一些我的个人经历，加上一些我作为心理学家和治疗师收集的案例。本书不会提供一个新的“七天方案”帮你迅速解决心理恐惧问题。本书也不会包罗万象，面面俱到。书店和网上已有大量书籍和指南，讨论如何应对诸如厌恶症、恐慌紊乱、创伤后应激障碍等与焦虑相关的各种问题。也有各类节目（有的是禅修）帮助人们减轻对某一事物的恐惧，比如坐飞机、过桥、出门的恐惧。还有浩瀚的文献资料，论述冥想禅修、心理投射、放松技巧等，帮助人们控制呼吸，松弛肌肉，同时改变不正确的习惯性思维模式。本书将不再重复这些有价值的工作。

本书将正面审视恐惧，故要求各位读者既视其为障碍，又视其为朋友。笔者视焦虑恐惧为生存之必然，且认为其必然复杂多变，既可浇灭生之希望，亦可使人冒险求生；既可拆散情侣，亦可稳固家庭；既可以让我们因循守旧、一成不变，又可以时刻提醒我们：自己正战战兢兢、心惊肉跳地活着。

我希望本书能给你启发、建议或灵感，让你能利用恐惧指引自己走向正确的航道，在人生的大部分时候，能理智地管理好焦虑情绪。也希望你能从中获得勇气，不让恐惧阻碍自己真实的表达、自由的行动和快乐的生活。用已故诗人奥德勒·洛德的话来说："当我敢于强大，用我的力量服务我的梦想，此时我是否害怕就越来越不重要了。"在恐惧暂时占上风的时候，我希望本书能助你一臂之力，让你对自己、对他人都保有热情和关爱。最后，我希望你能在阅读中发出会心的微笑，因为正如好友珍妮弗·伯曼所言，人生无幽默，万事无乐趣。

◎ 面对羞耻

本书将以相当的篇幅关注羞耻问题。许多常见的恐惧感，如害怕被拒绝，害怕亲密关系、社交场合、登台演讲等，实际上都与羞耻感有关，其根源是害怕别人看低自己，认为自己本质不良、渺小无能或不值得重视。

羞耻让人如此痛苦难堪，没人愿意谈起羞耻之事。回想一下，你什么时候在餐桌前谈过难言之耻？羞耻是我们极少谈及的情感体验，因为羞耻之事，羞于启齿，无论是身体疾患、少年糗事，还是不雅吃相。羞耻感迫使人们终生沉默寡言、畏首畏尾、欺欺骗骗、躲躲藏藏，抑或为了掩盖羞耻而嬉笑怒骂、傲慢鄙夷，装出一副高人一等的姿态。面对羞耻，我们不该如此，我们可以做得更好，不应使其阻挡我们追求完美的自我。

◎ 恐惧与焦虑

人们很容易区分恐惧和焦虑，然而有时候两者只是语言文字的差异。通常我们说对某事物心有恐惧，意思是害怕它出现，而害怕某事物，比如害怕坐飞机、害怕衰老，实际上是对它感到紧张焦虑。有时我们通过身体的感觉区分两者。我想你也清楚恐惧的神经反应不同于焦虑的神经反应。盗贼破门而入，刀尖直抵腰背，此刻你的五脏六腑突然打结，这是恐惧。电话机前逡巡徘徊，犹豫不决，此时你感到轻微恶心、晕眩，胃里似有千万小虫作怪，这是紧张焦虑。我们也常用“焦虑”一词描述驱之不散的余悸、长期的紧张和忧愁，以及莫名的恐慌。

但是从现实生活的经验来看，“恐惧”的概念[㊀]比“焦虑”传达的意义更广泛、更强烈。蜜蜂嗡嗡在你眼前打转，你会有短暂的“恐惧”反应。而夜里三点惊醒，那是“焦虑”让你难以入睡。焦虑和恐惧之间的区别对于本书的讨论并不重要，因此我们不妨只用其中的一个词作为总括的概念。焦虑、恐慌、害怕、恐怖——不管你用哪个词，重要的是我们

㊀ 英文中，“恐惧”（fear）一词涵盖恐慌、畏惧、惧怕、害怕等意义。——译者注

如何应对。

在日常语言中，我们用自己惯用的、符合自身心理特质的词汇描述情感情绪。我曾经接待过一位咨询者，他不说紧张焦虑，也不说恐惧害怕，而说“我感到压力山大……”对于那些耻于承认自身脆弱性的人来说，“压力山大”是他们表达焦虑恐慌的暗号。又或者在另一个极端，一位接受治疗的女士对我说，一想到女儿的婚纱一点儿都不合身，她就“吓死了”。我很了解她，知道她说的“吓死了”意思就是“真的很担心”。

不管用什么情感词汇，没人喜欢焦虑、恐惧、羞耻，或者其他不良情绪，但是我们又无法回避这些感受。因此我坚信，如果我们带着好奇和耐心正面审视这些“不速之客”，就能发现它们的智慧，看清它们的伎俩，它们就没那么容易加害于人。我们只有把这些情感体验视为隐形路障和智慧路标的合体，才能更充实地活在当下，带着希望，胸有成竹、思路清晰、幽默轻松地走向未来。

◎ 路线图

以下是前方路线图。

第 2 章和第 3 章包含一点儿“轻简的恐惧”，表明惧怕某事（比如害怕被拒绝、害怕登台演讲）不应总是那么严肃、那么沉重。我们会发现，任由恐惧蔓延确有其潜在的益处。

第 4 章和第 5 章讨论了恐惧心理如何让我们健康有生气，又如何使我们的身心机能瘫痪，扰乱我们的生活。第 6 章揭示我们为何惧怕改变，为何害怕了解新事物、探索新领域。第 7 章说明焦虑不仅是个人特征，而且是流贯人类社会体系的隐形力量。我用职场案例解释焦虑体系的信号和症状，说明我们应如何更有效地管控个人焦虑情绪。

第 8 ~ 10 章深入分析了世界让我们认识恐惧和羞耻的各种沉痛的方式，比如给人一个完全错位或者极为脆弱的身体，比如让人对某个家庭成员感到耻辱，或者对自己的缺陷和不完美感到羞愧。第 11 章探讨勇气力量暗藏的另一面，讨论如何在焦虑之中消化他人的羞耻信号，敢于表达、勇于行动，接受无止境的挑战。我们把最好的留在最后，简短的后记会透露一个秘诀，六个简单易行的步骤，一劳永逸地消除所有焦虑、恐惧、耻辱。开玩笑啦，要是真有这么一个秘诀就好了。

第2章

害怕拒绝

一日疗法

一天就解决了？事情是这样的：

弗兰克是我以前的一个客户，他现在住在俄克拉何马州塔尔萨市。由于工作上的原因，他回到堪萨斯州参加为期两天的小型会议。他打电话问我有没有时间来见他。接到电话，我有点儿惊讶，因为自从他和妻子安妮在我这里结束婚姻心理治疗后，我已经很多年没有见过他了。当年治疗结束后，他们好像处得还可以，但是他们搬到塔尔萨不久，弗兰克就对我说，安妮终结了他们的婚姻。那时弗兰克很难过，不过现在他说他过得还不错——“除了一件事”。

“什么事呢？”我问道。

“离婚给我造成了心理阴影，”弗兰克回答说，“安妮离开我之后，我就一直对别人的拒绝有恐惧症。”他接着说，自从两年前婚姻结束之后，他就没有再谈过恋爱。最近他对工作上认识的一个叫莉斯的女孩很着迷，但是想到要约她出来，他就浑身发抖。

虽然弗兰克用了“恐惧症”和“心理阴影”这两个词，但我看他没这些问题，他只是太焦虑了。我建议他在家里就近找个心理咨询师，但弗兰克明确说不想开启一整套心理疗程。他只想听听我的建议，如何解决这个具体问题。

我知道弗兰克是那种话不多说、卷起袖子就干的人，所以我并不奇怪他想迅速解决这一问题。我的工作多数时候要花很多时间耐心地开展，所以我不确定这样一次性的治疗能给他多少帮助。不过最近我参加了克洛·马达尼斯（Cloe Madanes）组织的一个工作室，马达尼斯是以其创新转型策略著称的心理治疗师。我想起他讲的对一个人进行的特殊心理干预，这个人的情况与弗兰克很相似。我有种很强烈的直觉，感觉这个方法一定有效。至少，它不会有什么坏处。

◎ 改变：你有多么迫切地希求改变呢

我想给弗兰克一个极具挑战性的任务，所以要了解他希求改变的马达是否已在高速运转。

我问他："从1到10，你有多大的动力来解决自己的问题？"我解释说，"1"代表他想把莉斯叫出来，但没多大热情解决这个问题；而"10"代表只要能达成目标，他愿意做任何事情，包括吊在金门大桥上晃荡。

"那我是10。"弗兰克毫不犹豫地回答。

"那好，"我说，"因为我建议你做的事可没那么简单，时间上最多只要一天，所以如果你能一字一句照办，一定能解决你的问题。"

"成交。"弗兰克说。

◎ 站在自动扶梯底下

弗兰克把问题描述为害怕拒绝，而我告诉他："真正的问题，是你被拒绝得还不够多。”要解决这个问题，就必须积累更多被拒绝的经验。我安排给他的任务，如果他愿意接受的话，就是在一天之内攒够 75 次被拒绝的经历。

他必须这样做：在堪萨斯城开会的前一天，跑到大商城（本市大型购物中心和游客聚集地），从一个氛围轻松休闲的名为“拉地兰”的大众咖啡店开始，见到女士就上前搭讪：“你好，我叫弗兰克，可能有点冒失，但我想认识你，能不能一起喝杯咖啡？”在这样的热身之后，沿街走下去，站到百货大楼自动扶梯边。当有女士下来的时候，就重复自己的台词：“你好，我叫弗兰克，可能有点冒失，但我想认识你，能不能一起喝杯咖啡？”

他不能自行改变脚本，必须准确记录所积累的“拒绝”，一直攒到 75 次才能结束。这期间当然也要观察判断，谨言慎行，以免当成骚扰，被人投诉。他可以在商场内儿部自动扶梯间转悠，也可以换一家店试试。我要求他回到塔尔萨之后打电话向我报告结果。

通过积攒“拒绝”弥补经验不足，弗兰克对这个做法迷惑不解。我的指令对他来说既艰巨又荒唐，但那时他热情高涨，而且他对我有信心，我也向他保证，只要他完成了这个任务，一定会有勇气向莉斯提出约会请求。另外，他现在不住堪萨斯了，这对他也许有点儿帮助。

“就一天的话，做什么都没问题。”最后他说。

◎ “被拒绝”训练营

几个星期后，弗兰克从塔尔萨打来电话，电话里听得出来，他心情不错。“我失败了，”他不太在意地跟我说。

开始的时候他是照我说的去做，在咖啡店的时候他攒了 3 个拒绝。后来有个女士接受了他的邀请，这让他意识到，攒满 75 个拒绝比起初预想的要花更多时间。在下一处，他收到了 5 个拒绝，接着他又碰到几个人说“好”。硬着头皮下去，弗兰克慢慢变得更有策略和选择性，会挑那些更有可能拒绝他的人下手，比如带着订婚戒指的、拉着吵闹小孩的。

不一会儿，弗兰克的动力值就大幅下降——“从 10 降到了 2。”弗兰克说。正当意志动摇、烦躁不安的时候，他突然看到一个惊艳绝俗的美女踏上扶梯。她比弗兰克足足高了 15 厘米，穿着超时髦的银光闪闪的迷你连衣裙，带着“铁硬的面容，冷冰的表情”。这个女人可能是他这辈子最无兴趣、最不可能接近的人了。而且他确信，美女对他也是同样的感受。“我觉得怎么努力也鼓不足勇气上去跟她搭讪。但是我下决心对自己说，如果做得到，算 15 分奖励。”

美女随扶梯缓缓下来，弗兰克越来越觉得自己很可笑。他意识到，就算能获得 15 分奖励，他还得另外挣得 30 多个拒绝。想到这，他心灰意冷，心中的那盏灯灭了。他长长地松了一口气，走到商场一个安静的角落，拿出手机，拨通了莉斯的电话。

电话那头响起留言提示音，他没有片刻犹豫，说：“我是弗兰克。可能有点冒失，我是想说，等我回到塔尔萨，能不能请你一起喝杯咖啡？”

“这也太简单了，”弗兰克跟我说，话语中带着点惊讶，“给莉斯打电话比请那个冰雪女王喝咖啡容易完成万倍。我想，像傻子一样站在那里，就是为了约莉斯出来，不如直接给她打电话。”弗兰克又跟我说，打完电话剩下的时间里，他逛街、购物、看风景，痛痛快快地玩了一下午。

至于莉斯，其实她已经有男朋友了，所以回绝了他的邀请。但是几天后弗兰克约了另一个女孩，是他平时偶尔聊过几句的邻居，两人后来好上了。“像我一样的普通人。”他说，之后又笑着对我说，“你知道吗，我没跟她说，‘你好，我叫弗兰克，可能有点冒失，但我想认识你，能不能一起喝杯咖啡？’”

◎ 深入虎穴

通过执行我的指令，弗兰克一下子深入到他内心恐惧的中心。我没有让他以精确计算的分量一点一点地走向所恐惧的情境，借以钝化他的恐惧感；我也没有鼓励他再接受一轮心理治疗，以摸清恐惧的心理根源，是自我评价低还是对前妻留有压抑的愤怒。这些我都没做，而是在听到他对拒绝排斥有痛苦的畏惧之后，分派他以创纪录的速度去积累被拒绝的经历。

为什么这个计划能成功呢？因为当弗兰克的问题被重构为“缺乏被拒绝的经验”时，他就不可能失败了。每次被拒绝都构成一次成功，而每次被接受却构成一次失败。而且任务一开启就要求弗兰克向一位女士提出约会请求，这正是他以前不敢做的。另外，他的任务是完全预设好的，他要站在某些特定的地方重复某些固定的台词，这样自己就没时间为自己的行为紧张焦虑，也不会因为说了某些“不酷”的话而懊悔。

最重要的是，这个任务直接干脆地让弗兰克自己处理自己的心理症状，不作为恐惧的受害者而去消极应对，而是积极地参与到招致拒绝的活动中。弗兰克认真执行了我的建议，因为他尊重并信任我的判断。虽然他一个人站在自动扶梯底端，但他心里知道我就在拐角处。

◎ 你也要站到扶梯底下去吗

在一次小型社工讨论会上，我讲了弗兰克的故事，有位同学问我：“对所有害怕拒绝排斥的人，你都会提这样的建议吗？”

当然不会，我知道弗兰克的强项和脆弱之处，因为我曾给他们做过婚姻心理治疗。他行动的动力很强，他强烈要求我给出建议，这与很多我接触过的同样寻求理解和交流的人大不相同。我坚信弗兰克的确需要经历更多次的拒绝，坚信通过完成我的指令，至少能给我们提供有用的信息。

当然，这与弗兰克是一个长相清秀、个子不高的白人也有关系。我不会把这个任务交给一个非裔美国人或者中东人，因为这样很可能让他在白人为绝对主流的堪萨斯城受到种族主义的回应。弗兰克很通人情，也很能照顾别人的感受。我对他很有信心，相信他能够遵循指令，同时又不冒犯所接触的女性。我会依靠临床经验和直觉，选择适当的方式进行正规的治疗。虽然我并不建议你也跑到最近的商场把自己“钉”在扶梯下，但是弗兰克的故事的确能给我们很多有益的启发。

行动就是力量。有时只要你行动起来，就能轻易跨越恐惧。如果你选择回避，焦虑只会日益加深。

通过失败获得成功。如果害怕被拒绝，你可能真的需要积累更多吃“闭门羹”的经历。这不仅适用于搭讪约会，也适用于商业推销、投稿出书、聚会交友等。

出出洋相出出丑。大多数人对洋相糗事深感羞耻，唯恐避之不及。弗兰克知道一次又一次地出丑很无聊、很难堪，但出丑并不会对他的尊严构成威胁。

把恐惧请进来。知道一个客人要来你家的时候，你对接下来的一切都会有所准备。几乎所有帮助人们应对恐惧的疗法和对策都相当于在某种程度上把恐惧请进来。

动机动力很重要。如果你的动力值没有达到 1 ~ 10 阶梯表中的 6 或 7，那你可能要等到对现状感到更难受、更痛苦的时候，才愿意采取行动。至少你要在深切地感到继续维持现状会造成严重后果的时候，才会行动起来。

一个重要的补充。如果弗兰克没有动力执行计划，那么这个试验仍然有其意义。这就给了我和弗兰克一个很有用的信息：他的焦虑水平已经达到一个新的高度，必须采取新的措施。拒绝改变反映了无意识的顾虑和深思。很多时候我们觉得，根据自身对焦虑恐惧的承受能力，慢慢地、谨慎地做出改变，成功的概率更大。

不过话又说回来，如果一天就能解决，很多人会试一试。

问题要复杂得多

讲弗兰克的故事，我不是要表达遭受可怕的损失后，该做的最勇敢的事就是一头扎进新的关系中。我们都需要时间来悲痛、沉淀、蓄积力量，没有固定的行动计划适合每一个人。如果我们琐碎的日常生活与另一人纠缠在一起，而且我们在物质上、精神上、经济上依赖这个人的帮助支持，那么当这个人背叛我们的信任时，他的排斥拒绝很明显是最难承受的。

◎ “丈夫背叛抛弃了我”

玛丽的故事很普通，很容易对上号，虽然有些细节不一定符合你的观察和经历。结婚 20 年，玛丽一直很享受她自认为“无忧无虑”的婚姻生活，直到有一天丈夫离她而去，搬到了与他偷情十几年的女同事那里。她把丈夫杰夫当作自己“人生的全部”，完全没想到丈夫跟别的女人厮混了十多年，最后打包走人。丈夫的背叛带给玛丽沉重的打击，她失去的远不止人生伴侣。她失去了生活定位，失去了自我认同，也失去了人生的存在感、延续感和价值感。丈夫坦白长达十年的私情并决意分离，迫使玛丽改变对过去的理解，改变对未来的憧憬。

玛丽把所有鸡蛋都放在了一个篮子里，疏于联系亲戚和朋友，也没有任何计划保障自身经济独立。她和丈夫从未就婚姻问题进行过深入交流，实际上她都没有察觉夫妻间早已出现的情感裂痕，这更加剧了她对离婚的痛苦感。所以丈夫的突然离去像地震一样毫无预兆地震碎了她的生活。

显然，突然的打击比可预见、可理解、可做预案的损失来得更猛烈、更有破坏性、更使我们手足无措。玛丽突然崩溃，陷入愤怒、耻辱、羞愧、无助、抑郁之中，也就不奇怪了。玛丽意识到这些痛苦的感受，承认接受这些体验，并和我分享她的故事，这本身就是她内心力量的体现。当时她几乎在恐惧中瑟瑟发抖。

玛丽说她最大的恐惧是担心以后再也无法相信任何人，甚至早上都爬不起来。此时，我没有给她艰巨的任务，简单的任务也没给。玛丽没有要求我快速解决问题，就算她有要求，我对她也没有“一日疗法”。她最想要的是有人倾听她的心声，感受她的恐惧和痛苦。事情过去了很长一段时间，她才慢慢地面对已发生的事实，对杰夫的行为形成一定的看法，更客观地看待自己，才意识到他们之间早有情感间隙，只是自己一直不愿面对。她慢慢地重拾自信，尝试着独立自主，包括制订计划以求物质生存和情感康复。这些行动的每一步，都要求她集中所有的勇气和力量，与恐惧焦虑抗争。最终她要面对最艰难、最可怕的斗争，那就是把自己从对前夫的无尽愤怒中释放出来。“我不知道能不能成功，”她向我坦白，“但我为什么要放过那个混蛋？”

◎ 放手的勇气

面对背叛式的拒绝，内心的愤怒仇恨可能让我们大吃一惊。然而到后来，像玛丽一样，意识到要放手让它成为过去，更会让我们吃惊。灾难性的打击过后多年，我们可能仍然无法重拾信念继续前行，因为我们还不愿从痛苦中走出来。不是说我们心理扭曲，有被施虐的恶趣味；不是说我们想做那个遍体鳞伤的受虐狂，而是因为灾难过后我们都会把痛苦和苦难当作老旧而贴身的棉袄，包裹着我们受伤的心灵。沉浸于痛苦之中，也可能是我们复仇的方式，借此向他们展示，他们的恶行对我们的伤害有多深。继续过好我们的生活，会感觉像是原谅了肇事者的罪恶，等于说："我现在好了，我想你的行为也没怎么伤害到我。"

另外，我们往往还有这样的臆想：如果我们一直保留自己正当的愤怒和痛苦，那个伤害我们的人总有一天会痛心悔悟，意识到对我们伤害有多深，像我们一样痛苦，甚至更痛苦。这种幻想很强烈，也很能抚慰人心，但它只是一种幻想。

有些人不愿放弃对背叛者的愤怒，很吊诡的是，因为这样可以保持与那个背叛者的丁点联系。就像爱一样，恨是强烈依附的一种形式，尽管这种依附是负面的。爱恨两种形式的强烈情感都让我们靠近对方，这就是为什么很多夫妻虽然法律上离了婚，但情感上仍藕断丝连。如果你和前任同处一室或者电话交谈时仍然感到胃绞痛，那么你们还没有完全分离。分离会激发严重的焦虑，因此需要莫大的勇气。

当我们放弃仇恨和痛苦（不一定意味着原谅对方），让阳光照进生活，一种奇怪的事情就发生了：每前进一步，我们都有可能短暂地感受到莫名的焦虑和奇怪的“乡愁”。那是因为独立自主迈出的每一步，都意味着我们在情感上进一步远离很久以前正式结束了的关系。当我们把愤怒仇恨抛在身后时，就放弃了以前不切实际的幻想：那个给我们造成伤害的人，会对我们的痛苦感同身受，追悔莫及，回来跪在我们面前，乞求我们的原谅。

玛丽花了很长时间才放下心中隐秘的期待，她期待杰夫回来，伤心欲绝，悔过道歉。“放手”不等于回避真实的情感。相反，当玛丽面对梦想的破灭时，她感受到强烈情感的冲击，从摧心的焦虑到深切的悲痛和孤独，最后到生机能量的重新释放。慢慢地，玛丽发现，想到杰夫时她不再感到一阵条件反射式的愤怒。她感觉到的是一种平静的悲伤，有些时日感到如释重负。

我并不是说我们保留着仇恨愤怒，就是因为我们故意要向对方展示他们多么恶劣地毁了我们的生活。这些情绪也不完全由我们控制。我绝对无意说愤怒就是坏事，因为认定和表达愤怒也是需要勇气的。但是把自己从长时间的愤怒中解脱出来，阻止其造成不利影响，更需要勇气。作为一个挑战，放弃愤怒有可能包含原谅赦免，但不一定要求原谅对方。很明确的一点是，反复咀嚼前任对你的背叛拒绝，沉浸于痛苦之中不能自拔，对你有百害而无一利，而对他毫发无伤，此时他可能正与新欢在沙滩上晒太阳，享受人生。

没人喜欢被拒绝

玛丽和弗兰克都被他们认为能陪伴终生的人抛弃而遭受重创。不是所有拒绝都会造成这么严重的伤害。无论关系的细节怎样，我还没碰到过喜欢被拒绝的人。

记得16岁的时候，我最好的朋友离开我，和另一个女孩交好，我当时认为是因为她觉得我太“肤浅”了。这个朋友是我的闺蜜，她拒绝了我，和我的另一个朋友成为好友，这种伤害和损失是巨大的。我伤心难过，自信受损。长大后，我有了数个亲密朋友而不是一个闺蜜，更重要的是，我不再把拒绝排斥太放在心里，或者至少可以拼命工作而忘记一些烦恼，是成长消除了我的焦虑。

如果我们把被人拒绝当作自身缺陷的证明，那以后就很难让自己再次展现真正的自我。如果我们生怕别人发现我们正拼命掩盖自己的愚蠢、无聊、无能、贫穷或其他方面的不足，那我们又怎能把自己最好的一面展现给对方？很明显，我们无法达到所有人的期盼，赢得所有人的好感、尊重和赞同。那有什么关系呢？笼罩在羞耻中，我们就无法耐心地以自尊自爱的方式看清自身的缺陷、局限和脆弱性，这就必然产生一些新问题。如果恐惧侵入了我们的自尊自信，使我们认为自己不如别人，不如自己感觉必须投射的那个形象，那么对被拒绝的恐惧必然会变得更加强烈。

被拒绝的体验也很容易让人回触到儿时的羞耻。你参加一个聚会，没人想跟你说话。你的感觉可能并不仅限于此，你会感觉是你本质上无聊无趣、人微言轻、不值一提，现在如此，将来永远如此。如果你有这类全球普遍的思维，你就会把自己隐藏起来，完全避免任何亲密关系。或者你会防御性地拒绝一些人或一些场合，因为你害怕一旦被别人看穿，会被他们看作不值得交流、不值得交往的人。

你甚至会认为，拒绝别人的人天生比被拒绝的人更优秀。人与人之间的关系并不是某种古怪的比赛，不是说先迈出来的人、先切断关系的人、受伤更小的人就是赢家。拒绝行为同样可以揭示拒绝他人者的恐惧感和不安感。我们都想披上铠甲，抵御被人拒绝引发的各种不良情绪：羞耻、自责、抑郁、焦虑、愤怒。没人能完全抵御被拒绝之痛，但是随着我们在自我价值认同上日渐成熟理智，面对恐惧就越有可能轻拿轻放，处之泰然。如果我们理解被拒绝不是自身的堕落，而只是生活迫使我们一次又一次经受的体验，那么被拒绝就会变得不那么可怕。避免被拒绝的唯一可靠办法，就是龟缩在一个角落不做任何尝试。如果我们选择勇敢地活着，就必将体验到被拒绝的滋味——活着还将体验到更多。

The Dance
of Fear ••••

第3章

惧怕登场？那你要反复亮相！

治疗师大卫·雷诺尔德说：“有人跟你说他不坐飞机是因为他怕坐飞机，你别信他。他不坐飞机是因为他不买飞机票。”

很多时候我也感到焦虑害怕，但我决心不让焦虑阻碍我登场，不让恐惧妨碍我要做的事。还是拿坐飞机来说吧，像很多女性一样，有小孩之后，我也怕坐飞机，或者准确地说，怕飞机出事。夜里一阵阵的恐惧袭来，脑海里闪现出我的孩子的脸庞，然后看到我坐的飞机被大火吞噬，一头扎向地面，留下孩子哭喊着找妈妈。每次坐飞机前几天我脑海里就会出现这些恐怖的画面。

人们常常能在事实数据面前冷静下来。比如我有个朋友米丽安，“9·11”后对坐飞机倒没有特别的恐惧，但是她总是担心飞机被雷击。我拿了一篇相关文章给她看，里面说美国最近一次直接由雷击导致的空难发生在 1967 年，看完她稍微放心一些。文章还说，如果一道闪电恰巧击中飞机的话，“应该不会有事，因为飞机有设计精密的保护系统”。

在我害怕坐飞机的那个时候，这篇文章对我不起作用。我会对丈夫史蒂夫或者其他愿意听的人说：“‘应该不会有事’，搞什么名堂？‘应该’？究竟什么意思，这个专家怎么不说‘绝不会有事’？”这个说法明显不能让我满意。

即使在我敢单独或陪家人一起坐飞机之后，我也坚持要求至少 20 年内不和丈夫同坐一趟飞机，以免夫妻双亡，让孩子成为孤儿。夫妻同行时，我坚持和史蒂夫分别坐不同的飞机去，到机场等对方到来，然后一起打出租到宾馆。这个特别碍事的安排完全没道理。出租车安全带经常是坏的，我们和司机之间隔着厚厚的玻璃板，一个小事故就可以把我俩撞得头破血流。有些出租车司机又好像磕了药，要不就有自杀倾向。如果我稍微有一点儿理智的话，就该和丈夫同坐一趟飞机，分坐不同的出租车。

那时候，朋友好心提醒说飞机是最安全的交通方式，但也不能完全让我放心。没有任何数据证据可以打败我脑中顽固的恐惧。在精神信仰上，我相信如果飞机出事，一定是上天的安排，但这个信仰对我的恐惧也不起作用。科学和宗教都无法让我安心。

但是后来我不怕坐飞机了，因为我不停地买机票，也就是说我不停地登场亮相。面对其他我害怕的事，我没那么勇敢，但是我的工作要求我全美国到处飞，不坐飞机会给我的个人生活和职业生涯造成不可估量的损失。我们越是勇敢面对，事情就越没那么可怕。每次安然无恙地走下飞机，我就感到自己又一次战胜了恐惧。坐飞机的次数多了，对它的恐惧最终就消失了。理性没战胜恐惧，一次次的尝试倒让我摆脱了恐惧，获得了自在的心情。

紧张害怕与恐惧症

如果我的焦虑情绪达到了恐惧症的程度，我会给自己找最好的治疗项目、最佳的禅修方案。真正的恐惧症（所幸我没有得过）降临时，人会心跳加剧、呼吸困难、全身出汗，急切地想逃离现场，有时感到窒息，有生命危险。恐惧症给人的身心造成巨大的痛苦折磨。恐惧症患者受到瘫痪性的神经化学反应的冲击，陷入其中，备受折磨，无法自我解脱，“感受恐惧，消磨焦虑”之类的建议完全不起作用。叫恐惧症患者伴着鸡尾酒喝下镇静药，同时默念“坐飞机比开车安全得多”，也无济于事。

人们常说对某件事有恐惧症，其实只是描述普通的害怕和颤抖。早上一个人到我诊室对我说：“我对坐飞机有恐惧症。”他每次坐飞机都特别讨厌起飞和降落，途中也感到肠胃不适，出发前几天也受灾难恐惧想象的折磨。但是他并不是真的对坐飞机有恐惧症，如果真有，他一开始就不可能登上飞机。

如果你或者你身边的人真的患有恐惧症，好消息是恐惧症是可以克服、可以治愈的，特别是对某个具体事物的恐惧症。积极治疗很重要，因为逃避无济于事，只能让情况更糟糕。研究表明，恐惧症者越是回避他们所害怕的事物，他们的大脑就越是把本不存在的威胁当作真正的、现实的危险。

如果你并不是有恐惧症而只是普通的紧张害怕，那么回避也只会让事情更糟糕。就像前一章说到的弗兰克一样，你真的也需要经历一下让自己紧张害怕的事物，不管是约会、开会，还是举手发言。但是只有你自己才能判断进行怎样的挑战。当你一头扎进去，会发现脑子里翻腾百遍的恐怖景象并没有出现。当然，你所恐惧的危险是有可能发生的。所以我绝不会跟人拍着胸脯说，大学绝对是个安全的地方，在大学永远无须担心什么。如果你不能预见可能发生的危险，那么可怕的事情就可能发生在你身上。

比如我对上讲台的恐惧，就有点儿像坐飞机的恐惧。你应下报告演讲，因为此时你觉得真正上台还在未来的某个时刻。等这一时刻到来，你就要登台亮相了。登台发言不会危及生命，但是的确有可能让我们出丑或出洋相。不过接下来我们会看到，出丑本身却有其益处。

在西雅图冷场

几年前，我站在台上，台下听众是西雅图的心理治疗师们，我要就女性和两性关系发表演讲。一番评论之后，我环顾四周开始作正式报告。此时我最害怕的预想变成了现实：我的稿子不见了！

阵阵焦虑奔袭而来。台下几百听众，他们离开舒服的家，还出了一小笔钱，跑来听我讲话——而此刻我却无话可讲。几分钟前，我把唯一一份讲稿放在讲台上，接着他们介绍我的时候，我回了一下后台。介绍我的人讲完就把台上的所有稿子都带走了，里面包括我的讲稿，然后他匆匆离开了大厅。

在我演讲生涯中还有些时候，明明知道要讲什么，但是话一出口就错了。有次在波特兰，我开场说："今晚很高兴来到丹佛见到大家。"前排几个女人大声回应："波特兰！是波特兰！"她们可能只是想帮我，但我站在台上望着她们，一脸茫然。我正疑惑为什么她们冲我大叫"波特兰"？

还有一次在伯克利，我仰歪着头，拨弄着挂在我夹克衫上的耳环，样子很难看。我的右耳被别在了肩上，不管我怎么弄，就是解不下来。摸索、冷场好几分钟后，一个亲戚跑上台帮我解了围。

早年做演讲的时候，我经历的就不止这些常见的老式焦虑了。我无法预计恐惧症状什么时候发生，因此经常担心这些问题。上场前一刻，我会和经纪人走到后台，急切地跟她低声说："这我个做不了，怎么叫我来做？这么难办，真不值啊，以后再也不来了。"经纪人早就熟悉了我这些话，她会冷静地回答："没问题，你没问题的，你都做了几千几万次了，怕什么。"接着她会叫我深呼吸，然后一把把我推向讲台。

◎ 你最害怕的预想真的有可能发生

在成年人最惧怕的活动中，登台演讲与怕蛇、怕死一样榜上有名。但是和怕蛇、怕死不一样，上台演讲是人们怕去做又想去做的事情。我这么说，是因为人们都这样说。我问人们怕什么，常有人说：怕面对观众。（“你可能觉得我不正常，但我真的常梦到站在台上就发现稿子不见了！”）当然，这些朋友并非不正常。登台演讲这事，我给不了大家保证。实际上，我现在很清楚，如果你演讲做得多，你恐惧的“神经质预想”很有可能变成现实。在西雅图时我很幸运：这个讲座我做了好几次了，脱稿也能应付，没有太大的问题。但在其他很多时候，比如我演讲中出的错就很难应对了。我慢慢地意识到，口误、出错是演讲的天然属性，难以避免。

◎ 出丑的馈赠

讲台上出错不可避免，但这并不意味着一辈子不上讲台。我发现，掌控怯场的秘诀就是不把在台上出错出丑看作不可饶恕的耻辱，而是将其视作对于公众演讲来说有用的甚至是关键的因素。虽然听起来有点古怪，但是支支吾吾语无伦次真的有强大的力量。

我是几年前在芝加哥的时候发现了这一点的，当时我要以自己的新书为基础做一个主旨演讲。我完全有理由对接下来的表现充满信心。我认真仔细地备好了讲稿。在我的坚持下，主办方给我准备了一台精美的投影仪，能帮我更有效地传达演讲内容。我又从朋友那里借来了一件精美的丝绸套装，比我衣柜里的所有衣服都更正式、更职业化。我想，万事俱备，还会出什么问题呢？

没想到问题多多，不止“只欠东风”。（结果我一上台问题就来了。）我像往常一样看向听众，把稿子放讲台上，却没有注意到这个特别的讲台没有托住书稿的横档，一页页的讲稿滑落到地板上。这本来不是什么问题，顶多造成一点小尴尬。不幸的是我太懒，没给讲稿标页码，而且跟西雅图那次不一样，这次是全新的没讲过的内容，稿子的结构和流程我还不熟。“稍等一分钟。”我特别阳光地说，结果等了五分钟，我还在地上捡稿子，还在调整我恐慌的情绪。最后好不容易，我终于开口说话了。

大概讲了十分钟，我就把主办方提供的昂贵的投影仪弄坏了。我试图镇定下来控制局面，没想到不一会儿，我丝绸衬衣左肩上的衬垫不知怎的跑到了我的脖子上，这下我就无法镇定了。我强力命令自己：“吸气……”但是现在有氧运动对我也不起作用了。我在一次次的尴尬中结束了讲话，心想以后再接这样的活动（如果还有人请我的话）是不是该大幅降低出场费。但对我的考验还没完，在接下来的问答环节，我多次无奈地说：“对不起，我不清楚。”

谢天谢地，总算结束了整个演讲，我赶忙收拾讲台上的东西，准备快速逃离现场。但当我抬起头，惊讶地发现一小群女孩围住了讲台，其中一位伸手跟我握手："谢谢你！看到你这么真实亲切太好了。"一个更年轻一点儿的心理学女研究生挤了进来，很诚恳地说："我一直都怕上台演讲，现在我感觉，既然你能行，我也应该行。"还有人讲述了在我演讲中感受到的与她们生活的实际联系，一种与自己熟悉和理解的人交流的亲切感。讲完被一群人围住对我来说也不是第一次，这次不一样的是她们那种试图与我建立情感联系的高度热情。我环顾周围一张张关爱的、诚恳的脸，心里的尴尬荡然无存。

"完美"之陷阱

上台演讲让人如此紧张害怕，其中一个原因是，在台前我们感觉没有权利做回自我。毕竟，历史上演讲台是给社会小部分精英人士表达自我、放大自我的，不是一个能接受无知混乱地方，这里甚至不能容忍事物的复杂性。登上讲台等于你抬升了自己，让自己高于下面的观众，你就要装着无所不知，不能掉稿子，不能弄坏设备，更不能让肩上的衬垫跑到脖子上来。

从多次出丑的经历中，我发现听众不仅会理解原谅我们的失误，而且实际上还能从中获得灵感和启发动力。听到我错误百出的演讲，观众就不会把我看得太高、太完美，而是好像在我身上看到了他们自己的影子，既看到了失误的我，也看到了成功的我。如果我既是有能力的、称职的，同时又是有弱点的、会犯错的，那么也许他们觉得自身的不足就没以前想得那么沉重了。了解了这一点，跟我说话的那些女孩们似乎心情轻松了许多，而最终我的心情也放松了。

◎ 尊重你的讲台恐惧

别误会我的意思，我还没有完全超越对做报告演讲的恐惧，而且完全有可能永远也超越不了。现在，当人家介绍我的时候，我会选择一直站着，因为从椅子上站起来时我可能头晕目眩感觉极差。每次走向讲台，我还是希望一切完美顺利。问题是我其实很像个笨手笨脚，不善交际的木头人。而没有人愿意像木头人一样站在大众面前。出现错误觉得尴尬的时候，我还是会想找个地缝钻进去。

但我也尊重每次公共演讲前不断侵袭我的恐惧和颤抖。怯场或者说舞台恐惧常常带着某种形式的自恋，是一种对意图呈现的自我形象的过度聚焦。但我认为反过来说也没错，我把演讲焦虑视作深度诚实正直的表现。对我来说似乎是这样的，像我们这样面对听众腿发抖心打战的人，对我们与观众共有的人性深处的东西太了解了。我们骨子里深知，自己不比坐在面前的人更优秀、更高级，但我们现在被邀请上来，要表现出更优秀、更高级的样子。讲台的授权和命令是：假装无所不知，追求完美无缺。

我的确从做演讲报告中学到了一点东西。我知道了，我永远无法超越恐惧，但不会让它阻止我前进。我学会了以好奇探索、自尊自爱的方式看待自己最糟糕的错误。我学会了紧紧抓住我的幽默感这只救生筏。我学会了无论有多大的恐惧都必须登场亮相。最后，我学会了把我最糗的失误当作礼物送给我的兄弟姐妹们，看到我"闪亮"的糗事后，他们也许就能鼓足勇气站到演讲台上。

公众演讲对个人谈话的启示

事实上，比起在个人生活中开启一个艰难的谈话，讲台上经历的风波就是小事一桩。公众演讲毕竟只是"打完就跑"的事。即使你出尽洋相也没多大关系，因为你以后基本上不需要见到台下那些人了。他们听你演讲，总比在家打扫厨房好。而且听你讲座的人对你犯的错误，比起对外科手术的失误或者演奏会中小提琴手的错误，要宽容得多。如果讲台焦虑已经让你无法承受，那么你可以干脆推掉出场邀请，但个人交流是你推不掉的，比如说要见一个重要的人、大客户、恋人的父母，等等。不跟人交流是不存在的，因为保持距离不说话本身就传递了你要表达的信息。

我很高兴在听众面前的经验为我在个人生活中更好地与人交流提供了有益的借鉴。下面请让我分享自己在公共演讲生涯中积累的几点经验，这些经验也适用于个人谈话，特别是情感强烈的交谈。

- 先聊聊轻松的话题，以建立轻松和气的氛围，与对方建立初步联系，然后再进入让你或对方难受的沉重话题。如果开始的时候能先让对方笑一笑，那进入话题就容易多了。
- 要跟对方讲清楚，要谈的问题对你而言很重要，但是记住，谈论严肃的话题或者严重的事态，并不是要你板着脸用阴沉的声音说话。
- 让对方自己得出结论。如果你带着传教士的态度说话，也就是表现得好像别人不同你的观点就是执迷不悟就会直入地狱，那么你会吓跑他的。
- 讲得太多太长，别人也会跑掉。
- 想好你怎样才能自然轻松地表达，想好什么时候做好功课，做好准备，甚至最好能先练一练。
- 从对方的角度展开话题。虽然也许你表哥是伯克利同性恋学生会主席，而你大伯是基督教家庭价值协会会长，但是你仍可以跟他们两个人阐述相同的观点，只是阐述的方式不同。不是说你要见人说人话见鬼说鬼话、阿谀逢迎、毫无立场，而是说如果你想让别人听你讲话，就必须让对方感觉自在。

- 对待任何提问和评价都必须有尊重的态度。让对方感到无知、羞耻，在任何时候都无助于谈话交流。
- 你不可能让每个人都愿意听你讲话。你女儿也许全神贯注地听你讲话，但她也可能心不在焉地盯着天花板，或者想入非非地进入少女的性幻想。你首先要关注的是自己想说什么，主要意思是什么，怎样能最好地表达出来，而不是迫切地想看到对方的某种反应。

不管是面对1500人的听众，还是面对引发焦虑的艰难谈话，我都发现，记住小时候的一个经历对我很有帮助。我在纽约布鲁克林长大，家离康尼岛不远。每次去游乐园我都跑去看那个巨大飞快的过山车，对它既着迷又害怕。好几个暑假，我看着跟我年龄差不多大的小孩走上走下过山车，我在旁边呆呆地看着，惊叹他们真大胆。

一天我看到一个特别好看的小男孩把自己绑在第一辆车上玩了一圈。等他下来，我走上前去，直率地问："你是怎么跨上去的？你怎么不怕呢？"

"我不是跨上去的，"他说，"我是买票上去的。"

我记住了他的话：我们不能跨越它，我们只需买张票。

The Dance of Fear

第 4 章

焦虑的好处

恐惧颤抖是自我保护

我在和朋友艾米丽打电话，她是个思想深刻的人。

“说到焦虑，你讲点儿有思想深度的话吧。”我恳求道。

“焦虑的感觉不好。”艾米丽干脆地说。我知道她能够直入话题的本质核心。

“想点儿好的方面，”我继续求她，“焦虑对你有什么好处？给我举个具体的例子。”

“比如，我紧张钱的时候，紧张焦虑的心情能戒掉我的懒惰，”艾米丽点评道，“这样我就忙起来了，适当的时候，紧张焦虑起来能让我远离麻烦。”

• • •

虽然没人喜欢焦虑，但是焦虑的体验具有保护性，能够维护我们的生活。就像皮肤灼痛可以让手避开火焰，恐惧告诉我们下次对火焰要格外警惕。恐惧激发的这种“打不过就逃”的反应可以挽救我们的人生。

恐惧焦虑是可以阻止你做蠢事的警示信号。我想起以前听过的一个悲伤的事故，一个年轻人玩漂流的时候不幸身亡。据说他用了一个劣质的皮筏，碰上了以他的技巧水平根本无法应付的激流。我的一个朋友是经验丰富的户外旅行家，她用一句话总结这个悲剧：“他丧命于对水缺乏敬畏。”

敬畏，即尊敬与畏惧，两者紧密相连。也许这个年轻人对水没有足够的尊重，也就没有足够的畏惧，或许他感觉到了害怕，却克服了恐惧。当然，我们已无从了解他当时的心理，只知道即使当时他感到了恐惧，恐惧之心也没有让他放弃漂流，结果淹没于激流中。

恐惧也能保护我们驶过人际关系的激流。它向我们发出信号：我们要做的事过多了，或者过早了。身体会反映不同程度的焦虑，包括最微妙的信号，提醒我们不可轻举妄动。想到要面对姐姐，你一阵害怕，那是因为你还没准备好，现在还不是见她的时候。那你要慢下来，做个新的计划，这样你才能把事情办妥。恐惧害怕迫使你选择沉默、保持克制，你可能会感觉自己胆小怕事，恨自己是个懦夫，但是在许多场合下，沉默和克制是明智的选择，是真正勇士的选择。

焦虑要你采取行动，这时你也要注意。也许你要相信自己的直觉，相信孩子真的哪个地方有问题，虽然两个医师向你保证说没问题，只是你自己太过小心。也许你的确是个过度操心的妈妈，但你的直觉仍有可能是对的。即使最后证明你的焦虑是你被误导的结果，那也说明你尽了最大的努力，搜集了所有相关的信息和意见，这仍然是你明智的选择。

因为焦虑是要你关注某一问题的信号，在一些情形之下，否定我们自身的直觉反应是不明智的。我自己作为孩子的母亲也经常过于紧张他们，做一些无谓的事。但我也有没当好母亲的时候，那就是在那个晚上，当红灯已经在我眼前亮起，我却无视内心的焦虑。

我本该想到“斑马”

1978年5月，我在亚特兰大参加一个巡讲活动。讲完后的星期六晚上，史蒂夫打电话给宾馆服务中心叫了一个保姆来照顾儿子马修。马修那时才三岁，当时是我们唯一的孩子。保姆来到我们宾馆房间门口的时候，我就感觉不对劲。

要我说，让我跟这个人待五分钟我都不愿意。她身形消瘦，明显很烦躁，披头散发，好像很久没洗过澡了。她脸上敷着层层粉末，虽然躲躲闪闪，但我还是注意到她睡眼惺忪的样子。可是史蒂夫好像不紧张，我也没说什么，因为当时要打发她走好像很不妥，另外我们住的宾馆是有点档次的，他们派的人应该没错。

把她关在门外，我们两个人在房间开个碰头会商量一下，这在当时的情形下来说很不礼貌。我走出房间关上门的那一刻本可以好好商量一下改变计划，但是我们没有这样做，而是打了个出租到餐馆。进到餐馆，我们四目相对，几乎异口同声地说：“不行，赶紧回去。”

在回餐馆的出租车上，我内心的自责发酵成了恐慌。我记得当时心里想，如果马修有什么三长两短，我永远不会饶恕自己，因为我已经明白无误地感觉到了会出问题，却置之于不顾。我不喜欢以貌取人，不喜欢歧视精神病人和瘾君子，这种理性态度盖过了我的恐惧。为了避免把人无故打发走的尴尬，我把恐惧埋藏心底，惴惴不安地离开了。另外，20 世纪 70 年代末时，我们也没有听说过哪个保姆或奶妈虐待小孩，因此我们微弱的心理防线就被突破了。

我们回来看到马修和保姆坐在床沿看电视。相信每个父母都知道看到孩子安然无恙时的那种头晕目眩的宽慰。这个事件至少教会我谦虚谨慎。时至今日，看到电视上妈妈们由于粗心大意而酿成可怕恶果，我并不感到自己比她们做得好，我只感到自己很幸运。如果当时没那么走运的话，我可能就站在法庭证人席上，回答法官说："是的，当时真的感觉这个保姆很糟糕。是的，当时真的觉得这个人很古怪。是的，这个人当时可能真的刚刚吸食过毒品。是的，我是职业心理医师。但是当时的情况真的……让我觉得这样做很尴尬，所以我欺骗自己说，出去不会有什么问题。"

医生告诉我们，当你听到马蹄声时，"你第一个想到的是马，而不是斑马。"这话用到我们身上时，史蒂夫想的是马，而我想的是斑马。当马修和本在家的时候，我经常想到灾难性画面。比如，如果我的孩子深夜没有按时回家，理性告诉我，他不可能被绑架或者被酒鬼司机打晕，躺在路边的臭水沟里，但是这些恐怖的念头会出现在我的脑海，有时让我胃里翻江倒海。

史蒂夫就不一样，他从不会有这样恐怖的画面。在堪萨斯，一天晚上马修打球时狂喝水和去洗手间，我想到的是

“青少年糖尿病”，而史蒂夫只说“他渴了”。总的来说，我也想像史蒂夫那样，看到的只是“马”，因为对人生的不确定性，低度反应比过度反应好。但是在亚特兰大的那天晚上，我们俩至少要有一个人意识到进房间的是只“斑马”。

• • •

毫无疑问，焦虑这种身体感觉，我们有时称之为“直觉反应”，并不是任何时候都有助于我们做出明智的选择。我们也可能误读身体信号，感觉到的危险可能并不存在。我们的恐惧反应也可能源自偏见、自保、懦弱、误解、旧伤疤。或者我们就是那种心弦紧绷、高度敏感的人，也就是说，我们心中的恐惧呼叫中心太容易被触发。但是如果我们的直觉感到了不对劲的地方，多加注意、万分小心才是上策。

我们再举两个例子，说明焦虑如何成为人际关系中的预警信号。两个例子都触碰到了性关系这个对大多数人来说极其敏感的问题。

我能信任丈夫吗

乔安是我做心理治疗时认识的，她觉得丈夫与同做电脑业务的女同事英格丽德有着“柏拉图式的友谊”，因此感到特别焦虑。丈夫罗恩无意间跟她说，英格丽德要和他一起到另一个城市参加一个为期一周的“梦与灵性”工作室，她更感焦虑了，特别是研讨的主题还与电脑业务没有任何关联。

“她也去，这让我很难过，”乔安神情紧张地跟我说，“但我又能说什么呢？”毕竟，半年前他就报名了，而且当时他还问了乔安要不要一起去，是她自己不愿去的。而英格丽德也有权选择参加任何她想参加的会议。乔安起初认定，是她自己太敏感了。

但是无论乔安如何努力地试图朝好的一方面想，她的焦虑还是不断加重。她想象着丈夫与他的朋友进行了深入的“精神交流”，又一起参加了更多的讨论会，关系越来越亲密，最后两人有了情感的交融，甚至身体的接触，把她与丈夫的婚姻击得粉碎。她哭着向丈夫讲述了自己对未来的可怕预想，而罗恩的反应是惊讶和不屑，他建议说：“也许你该吃点百忧解。”

有许多因素造成了乔安不断加重的焦虑，其中包括前任丈夫的背叛给她带来的创伤。就她内心深处而言，她并不想因为自己神经质的恐惧或对最糟糕情景的恐怖想象而毁了目前这段婚姻，也正因此，所以她主动来寻求心理援助。我们一起来看一下一些重要的问题。在以前的婚恋经历中，她有没有遭受过恶劣的抛弃？她有没有痛失亲人的经历？比如早年丧父，兄弟失散。有没有对她很重要的人给她致命打击，让她犹遭“晴天霹雳”？有没有亲密的朋友或家人觉得她在认识罗恩之前有“被抛弃”的问题？她是不是对以前的伴侣疑神疑鬼，而其实完全捕风捉影？她认为自己是嫉妒心强的人或者疑心很重的人吗？乔安也需要考虑其他加重她的焦虑的因素。

◎ 相信直觉，同时把握事实

查清我们的焦虑，需要一个很复杂很微妙的过程。一方面，追溯过去的痛苦有助于我们分清人际关系的历史和现实，以更好地走向未来；另一方面，以前在人际关系中的损失意味着我们现在的恐惧有一定的根据。比如，乔安后来认识到，是父亲在她 13 岁那年的突然去世，使得她对被抛弃特别敏感。她当然必须清楚自身特定的心理弱点，这样才可以避免对丈夫的行为或其他人的行为反应过度。

但是乔安生怕失去丈夫的过度反应，并不意味着丈夫的问题就是她纯粹的臆想。没有婚姻可以抵御任何诱惑，出现焦虑情绪（包括愤怒、嫉妒和其他强烈情感）意味着可能有问题了。

虽然丈夫坚持说自己和英格丽德没有任何私情，但是他也有可能一直瞒着乔安，撒谎欺骗了她。（其他方面诚实的男人往往在恋爱和性方面却不老实地把私情和背叛带进坟墓。）或者他正自欺欺人。即使两人之间根本没什么，如果乔安天真地以为就算两人独处私密之处也不会有事，那就大错特错了。去参加一个星期的“梦与灵性之旅”（与短期的电脑系统操作培训相比）会将罗恩和朋友置于一个亲密的氛围中，使二人的关系很容易变化。认真审视这些事实之后，乔安心里更明确了她对丈夫即将赴会的焦虑，很有可能真的反映了她敏锐的直觉，而不是匪夷所思的占有欲。

偏执和条件反射的嫉妒在任何人际关系中都有可能抬头，但焦虑常常也是警示问题来了的信号。而乔安的情况，低调压制肯定像过度反应一样有问题。大多数夫妻，即使是那些高度重视个人自由的夫妻，也都希望对方考虑自己的感受，在其人际关系中保持应有的界线。驱之不散的焦虑，加上她对形势风险的理性评估，最终促使她尊重自己的感受。

起初，乔安只会气冲冲地跺脚抗议，反而使罗恩更加顽固地为自己的出行计划辩护。最后，她能够做到心平气和地面对丈夫，与他坦率地交流，告诉他自己内心感受到的威胁，告诉他这样下去对她来说是多么不可承受的恐惧。她请他取消这次会议旅行，但同时把最终决定权交给他自己。这一次，丈夫终于意识到乔安苦苦哀求的背后是她内心的痛苦和脆弱，最终决定取消行程。

• • •

这次危机也促使乔安正视自己与罗恩这段若即若离、缺乏生机和热情的婚姻生活。长期以来，她在婚姻中的感觉就像梦游一般。现在梦已醒，她开始认真考虑把生活过得热乎起来，以更温柔、更欢快、更尊敬的态度对待丈夫。一方面乔安怀疑自己对丈夫工作中的友情是不是反应过度了，另一方面她的确对婚姻中业已存在的鸿沟反应过低了。

她也没有直接问罗恩是否对其他女人有好感，问一问其实有助于更好地了解丈夫的性心理。竭力否认对其他异性有想法（比如，假装说："我只喜欢你，亲爱的！"），不如公开谈论对其他异性的好感，因为压制的欲望更容易演变成事实。真正的信任建立在相互了解和相互自我暴露之上。乔安最后鼓起了勇气，问丈夫是否对其他女人有好感，起初他极力否认。但后来乔安讲，这些年她曾经很欣赏两个男的，但她没任何行动或表示，这时罗恩承认自己也偶尔对其他女人有点儿"心动"。那对英格丽德呢？乔安平静地问。罗恩沉默了一会儿，轻轻地点头："也许有那么一点点。"

◎ 我们的情绪测量仪

每天，甚至每时每刻，焦虑都起到关键作用，帮助我们调解两种相互对立的力量，即孤立（"自我"）与融合（"大家"）。如果出现太大距离，焦虑感发出信号，让我们寻求连接融入；如果融合的力量太强，焦虑感就要我们保持距离。亲近或疏远没有一个标准的量可以适用于每对夫妇，甚至同一对夫妇不同的时间也有不同的标准。我们甚至在一天或一个小时之内都有可能一会儿走向融合一会儿走向孤立。

过度焦虑会把我们推向极端，也就是说，我们要么像创可贴一样黏着别人偷听打探，要么像刺猬一样自保性地躲在墙外。或者两人各在一极，一方顽固追求，另一方竭力躲避。而小小剂量的焦虑可以当作我们追求舒适生活的万用表，反映我们是否有过于疏远或者近于窒息的危险。

是该信任治疗师，还是相信自己

在地位不平衡不对等，一方明显弱于另一方的关系中，准确“解读”我们的焦虑和不适，似乎是最难的。而婚姻关系常常就是这样一种关系。如果向心理治疗师或咨询师寻求帮助，我们怎么解读自己感觉到的焦虑和不适？焦虑是否只是一个正常的过程，还是警示我们需要保护自己的信号？又或者只是我们自己太神经质了？

索尼亚找我做心理咨询，她就受困于这些问题。她因抑郁六次咨询一个心理师，现在她对我说：

“S博士看人的样子和他说话的方式让我很不舒服，感觉他有点魅惑，有点黏人。上次见他，我跟他讲我想减肥，而他说我是个理想的女人，说我不能接受自己的性感，他这没头没脑的话太突兀了。我鼓起勇气跟他说，他的话让我不自在，他却说我

> 小时候受过性虐待所以才拒人千里，说我到他这里来就是要治疗小时候的创伤，是我多心了，叫我不要太迷信自己的感觉。我的直觉要我立刻逃离那里，但S博士警告我说，如果我病急乱投医换个治疗师，情况会更严重。我丈夫也鼓励我留在他那里治疗，因为他听说这人不错。”

索尼亚提了很多问题。“有没有可能是我扭曲了现实？是我在‘抗拒’治疗？不去他那儿，真的会伤害到我自己吗？”她内心的挣扎是有道理的。开启心理治疗本身就是件让人焦虑的事，其间个人的恐惧、幻想、心理投射很容易迷乱。对心理治疗或治疗师保持客观不容易。的确，索尼亚可能扭曲了事实，任何人出现像她这种情况都有可能扭曲现实。

尽管如此，我仍然鼓励她相信自己，相信自己的直觉。即使索尼亚的确有受性虐待的经历，那也绝对不能成为无视她当前感受和意见的理由。的确，自身痛苦的经历可能锐化了她内心的雷达，使她尤其敏感、警觉、自保。但是我回应说，既然在多次治疗中感到不舒服、不安全，她就应该多看几个心理咨询师，直到找到合适的治疗师，感到安全舒适为止。这个治疗师也许声誉卓著，但这跟他是不是治疗索尼亚的合适人选没有关系。在心理治疗这个行业，声誉和地位并不是能力的保证。

如果治疗师警告说，换其他疗法或其他医师，你的病情就会加重，那么对这样的治疗师，我建议每个人都要保持警惕。一个好的治疗师会在分享自己看法的同时，尊重你想换疗法或换人的请求，让你能搜集更多信息，以选择最佳治疗方案。即便索尼亚真的由于非理性的恐惧抗拒治疗，离开那个让她不自在的地方对她来说也没有任何坏处。如果她后来发现结束治疗是个错误，也可以随时给治疗师打电话重启治疗。如果他不欢迎她回来，或者之前她要求结束治疗的时候受到他的威胁和羞辱，那么她也就根本没必要再去找他。如果直觉告诉索尼亚必须离开，而她还坚持留在那里，那她极有可能受到伤害。

索尼亚尊重自己恐惧感的决定，后来被证明是力量和勇敢之举。她对治疗师说，虽然有可能是自己误解了，但仍坚持认为当前疗法不合适，必须结束，另外找人咨询。此时的她找回了自己成年人的话语权。索尼亚小时被虐待，她没有这个权力，也没有这个能力站起来说："不行，这对我不合适，我得走，我得保护自己。"儿童无力掌控不安全的局面，而作为成年人，索尼亚能做得到，而且她也这样做了。

恐惧是诤友

纵观生物进化史，恐惧和焦虑促使每个物种对危险产生警觉，使其趋利避害，进而能生存繁衍。恐惧可以示意我们采取行动，也可以示意我们克制盲动的冲动。它能帮我们做出明智的选择以保护自我，决定是进入还是走出某一关系。没有恐惧，我们就会无视问题信号而鲁莽草率地行事。

对身心健康的适量焦虑可以促使我们寻求帮助或做出艰难的改变。健康焦虑让我们注意饮食、加强锻炼、重新安排日常事务。对生老病死的焦虑可以将我们从心理沉睡中唤醒，使我们睁大眼睛、清醒头脑、看清事情的重要性。如果没有注意轻微的警示，那么我们将收到更强的信号，警示我们为了自身的福祉必须做出重大改变。也许我们要为家人少操点儿心（或者多关心家人），追求自身的激情所在，放弃那份等于慢性自杀的工作。

焦虑可以促使我们更诚实地评价自我，包括评价我们的生活是否遵循了自己的价值观和信仰。虽然恐惧可以启发我们做出重要改变，却无助于维持这种改变，它只是给了我们一个好的开端。因此，恐惧感消失后，我们最终要靠清醒的头脑、决心力量和坚毅的品格来保持航向。

• • •

也许你还想到焦虑在其他方面的益处。比如，当你打附近一家便利店的主意，准备干一笔的时候，恐惧从身后拍拍你的肩膀，或者给你一阵刺骨的剧痛。恐惧不安的本能在形成我们称为“良心”“本心”的东西的过程中起到了关键作用。这样看来，恐惧焦虑起到了一种社会黏合剂的作用，督促我们公平友善地对待他人；同理，正常的焦虑也促使他人公平友善地对待我们。

从另一个完全不同的角度看，焦虑丰富了我们的人生体验，给我们的人生添加了辛辣的佐料，特别是在经历革新、恋爱、冒险、表演或其他新挑战的时候。适度的焦虑可强化那一刻的体验，给我们的表现增添一点“色彩”。承担起有风险的任务并且顺利完成，我们就能从中获得一种征服感。

即使我们面临的恐惧焦虑完全是悲惨痛苦的折磨，我们也能从中学到一些东西。通过与朋友或家人交流讲述恐惧和焦虑，我们能学会如何获得舒适感，如何接受他人的帮助。我们敞开心胸，接受他人的帮助支持，这样做就使他们不感到孤独，不那么为他们自身的缺陷和不足感到惭愧。在这个过程中，我们加强了理解、丰富了同情，因为我们经历过、体验过。我们知道，任何人感到焦虑时都会失眠、失忆、无法集中注意力，感到头晕、恶心，不自主地颤抖或者完全吓蒙了。那只是我们人生体验的一部分。

分享自身的弱点缺陷是我们亲近别人的一种方式。我认识有些人多年，他们从未表现出焦虑，也没有对别人说过内心的恐惧。我欣赏也羡慕这样的人，却无法与他们特别亲近。虽然我会找这样的人做我的领航员或者牙医，但是我最好的朋友，都是那些愿意分享他们的才能和能力，同时也愿意大方地分享他们的焦虑时刻和最可怕的恐惧的人。对我而言，正是双方坦诚的分享维持了关系的平衡，维系了亲密关系。

缺乏焦虑导致紊乱

毫不奇怪，美国心理学会制定的诊断手册给有心理焦虑的人贴了很多标签。这些标签包括“焦虑症”“惊恐障碍”“创伤后应激障碍”“社交恐惧症”“某物恐惧症”（比如“恐血症”“恐电梯症”）、“疑病症”“抑郁症”，还有各种强迫症表现（如反复数数、反复查看、反复清扫）。贴这些标签是希望能魔法般地防止这些行为的出现。上面这些病症只是个简短列表，但是每种病症都代表着一种真切的苦痛。

然而很有趣的是，对于那些本该焦虑却没有焦虑的人，我们却没有任何诊断标签。没错，如果一个人的行为具有相当的欺骗性、侵略性、破坏性，违反了家庭和社会道德准则，他就会被诊断为“行为不端”，即社会行为的紊乱。然而还有更多人以不太显眼的、牺牲他人（或自己）利益的方式行事，而又得不到内部警示以矫正其行为，这些人又该称为什么呢？还有普通市民，每天正常上下班，却没有察觉家庭中、社会中，或者全球环境中危险的、不公平的、急转直下的事件，他们又该称之为什么呢？我并不是说我们都得生活在焦虑恐惧中。事实上，我们过于焦虑了就会失去解决问题的能力。焦虑打断我们的生理机能时，就会被称为心理疾病，而人类最危险的情绪，例如麻木漠然、无动于衷，却没有任何诊断认定。想到这点我觉得很有意思。

The Dance
of Fear ••••

第5章

焦虑的害处

祸害大脑，损伤自尊

恐惧像是个天然生存机制，在恶狼环伺屋外的时候向我们发出警告，使我们关门自保；在恶狼破门入室的时候，给我们勇气力量，指挥我们稳住、开战、撤退。如果恐惧只是这么一个生存机制，总能成为我们的良师益友，那就太好了。危险迫在眉睫，我们必须立马做出应对，没有时间斟酌利弊。

正如前文所言，恐惧可以是一种正面积极的力量，但条件是：它必须以合适的程度发生在合适的时间，有助于更深入地连接人类共通的本性，能被我们正确地解读，而且能起到积极的鼓动激发作用，或者能直接给我们的人生增添热情。然而，这些条件都不容易达到。

大部分时候，我们对焦虑的本能反应不再适合现代社会的压力概念。很明显，我们现在不太可能面对虎狼之类的威胁。我们面对的大部分压力要求我们慢下来，预热头脑，以最佳方式解决问题。如果我们焦虑过度，就无力搜集更多新信息，看不清问题的本质，无法探索可选择方案，也就不能给出冷静清晰的反馈，最终找到兼顾全局的创新性解决方法。恐惧会变得狂暴不可遏止，洪水般冲垮我们的神经系统，劫持我们的大脑皮层——主宰我们思维的那个部分。

焦虑是可恶的骗子

焦虑往往是个可恶的骗子，它警示你注意，但同时又把你的脑子搅成一锅粥，窄化僵化了你的感觉，模糊了你的视线，掩盖了问题的真相本质。焦虑使你自我强迫性地在脑海里一遍又一遍地播放过去的画面或重复对未来的担心。它诱使你看不到自己享受爱、享受快乐、积极创造的潜力和能量，使你认为自己渺小无能、微不足道。焦虑损害了我们的自尊自信，而这是我们一切活动得以开展的基础。

焦虑是天生的基因问题，还是脑子短路，或者是早期的心理创伤，现在的工作压力，还是星星月亮，抑或上帝的安排，结果都没有区别。不管你怎么想，有一件事是明确的：焦虑使你感觉自己特别糟糕。它妨害你思考的能力，在你脑子里挖下一个大坑，使你片刻都无法维持积极的看法，而且可能产生恶劣的生理反应，让你瘫痪、丧失所有能力。

◎ 放我出去！

当你陷入焦虑的魔爪，你会迫切地想脱离自己的身体，躲到别的地方去——哪儿都行，只要能摆脱那种可怕的感受。不幸的是，你无处可逃，你无法清空地基。

当焦虑发展到不可收拾的地步，做好准备，你会颤抖、恶心、呕吐、晕眩、盗汗、烦躁……还有可能吞咽困难，感觉喉咙里总是塞着一个东西。夜里躺在床上你会磨牙、蹬腿。你会呼吸急促，或者呼吸困难，甚至感觉如果不强迫自己呼气吸气的话就会完全停止呼吸。你可能打急救电话，说自己心脏病发作，或者说自己已完全失控，精神病发作。你可能感觉麻木、头昏、瘫软、筋疲力尽、魂不附体，同时无法自拔。

不管是轻微的烦躁还是严重的恐慌，伤害你的并不是焦虑给你带来的身体反应。如果我们知道接下来要发生什么，理解现在发生的事看起来可怕但实际并不危险，知道我们不会因此丧命，清楚这种感觉最终会消失，那么我们完全有能力控制这些带来痛苦的身体感受。但是如果发展到害怕恐惧本身的地步，那我们就迷失了。确信自己无法忍受这种感觉，我们就会试图躲避恐惧，快速逃离，或者拿着长棍试图驱赶它。这样做的话，只会使恐惧更大更强，使我们自己感觉更渺小、更微弱。

你越想赶走恐惧，而不试图去理解它、把握它，你的感觉就会越糟糕。这样时，恐惧会妨碍你做自己想做的事情。你会错误地认为自己是个软弱的小人，不敢做强大的自我。

◎ 焦虑与大脑

真正焦虑的时候，你的思维中心会萎缩到一颗豌豆那么小。焦虑会打断你的记忆力，让你无法集中注意力，因此无法阅读、写作、学习、思考分析、接受新信息。

焦虑把大脑变成一团糨糊的体验，我太熟悉了。每次去医院我都要让史蒂夫作陪，或者叫上一个朋友，因为我知道到了那里，我容易心跳加剧、心潮澎湃，或者麻木僵硬，茫然不知所措。而且我的方向感本来就不太好，在焦虑麻木大脑的强力作用下就特别脆弱。

我小儿子本上中学的时候，有一次我在上班时突然接到电话，要我立刻到学校接他去看医生。中学不在市区，校医务室护士告诉我说，本有以下症状：右手麻木僵硬，并且蔓延到手臂上，视力也受损，说话也有困难，而且呕吐了。是脑瘤，我想，肯定是脑瘤。然后脑子里闪现出本小的时候玩滑板撞破头被送进重症监护室的情形。可能比脑瘤还更严重，我想。可能是血管阻塞，本可能撑不了多久了。也有可能是中风心脏病发作。校医务室护士觉得本是心脏病发作吗？要不要打 911 ？护士只是叫我过来把孩子接过去。

我压着肚子赶去学校，脑子里面还在寻找其他没那么可怕的医学解释，但是好像没有其他的可能。短短的一段路程，我就迷了路，赶到学校的时候，心里翻腾绞痛。那个医院我本来很熟悉的，开车只要几分钟，但是现在我感觉自己开不到那里，找不到急诊室，停不了车，甚至签不了名。所以我一把抓住学校社工赛拉，硬生生地拽着她，把她拉到我的车上，让她给我带路。学校管理人员在后面冲我大喊大叫，说这不是她的工作，她得待在学校。

本并没有得脑瘤，也没有血管阻塞或者中风心脏病什么的。在那恐怖的一天，他第一次得了一种叫“地狱偏头疼”

的病。因为我从没听说过这种病，所以我根本没想到得这种病的可能性。我后来了解到，这种病会出现严重的神经系统症状。本的偏头疼真是来自地狱，但是这个诊断结果对我来说却是巨大的宽慰，相信你能体会到。

• • •

危机中，大多数人都能很容易地确认焦虑是我们各种心理失常背后的元凶。在这些情形之下，我们往往能原谅自己大脑暂时的短路而不影响我们后面的生活。但是如果焦虑以慢性的、潜在的方式发生破坏性的作用，我们就很难确认它是否是我们心里失常的元凶。此时我们只是感到心情不好，心情不好又进一步加重了我们的焦虑。

焦虑上我们感觉无力无助，自我怀疑。我们都经历过，焦虑加深了我们对灾难画面的想象。当你焦虑的时候，宿命感抑郁感的幻象似乎弥漫于你生活的每一个角落，焦虑的心情会让你奔向一些最严重、最可怕的脚本，常常是关于个人理财、健康、孩子的前途、世界的现状，等等。我讲的意思不是说灾难性的想象就一定是非理性的，的确任何事情都有可能发生。但是这些想法折磨着你，使你一事无成，只会让你感觉痛苦悲惨、有气无力。

焦虑也能摧毁你接受事物模糊性和复杂性的度量，使你看不到问题的两面性，更看不到事物的多面性。而焦虑对你自尊最大的打击，是使你丧失了看到自身复杂性和多面性的能力。你会套在狭隘的观点里，看不到自身的潜力。

◎ 丧失态度不知所措

想想艾丽莎，她来找我咨询的时候情绪极为低落。8 个月前，母亲心脏病发作，离她而去，接着两星期后，她的爱犬，13 年来最好的陪伴，也死了。从那以后，艾丽莎对自身的能力失去了所有的感觉。她向我表达了极为无助的感受，觉得自己绝无可能应对随之而来的打击。她对我说了些“我的心出问题了”“我就是无法接受新的东西了”之类的话。她还跟我分享说，她感到丑恶、可怜、软弱、不值得关心。才 36 岁，她就觉得自己幸福的日子已经结束了，再也不可能完成什么有意义的事。

艾丽莎极力避免任何社交场合，拒绝接受任何学习机会。躲避当然只能使她感觉更糟糕，只会加深她的恐惧。艾丽莎本来偏内向，一直比较腼腆、敏感，而如今她对批评否定的厌恶感更是达到了不可忍受的地步。比如，她跟我说，她和同事下班后去餐馆，走在人行道上都会摔跤。当然问题不大，她可以爬起来，拍拍身上的尘土，跟同事说没事，但她内心的感觉却十分恐怖（“没有理由摔跤啊，地上什么都没有，我怎么就被绊倒了呢”），连饭都吃不下了。客观地讲，她也清楚，自己只是轻轻摔了一跤，同事不会怎么看她。但是她仍然感觉自己在她们面前出丑了，这种感觉自己很可笑的想法几天挥之不去。她只好自己独自一人去吃饭。

艾丽莎读过一些关于焦虑的书，在我们第一次见面之前，她就判断自己得了“社交恐惧症”。她也知道失去母亲对她来说是导致巨大情绪波动的事件，而爱犬的离去给她的打击又进一步恶化了她的情绪。她把这些心理创伤的事件与她所体验到的自尊自信的丧失联系了起来。这样的话，艾丽莎在这场心理战中做好了准备。她已经确认了内心所探讨的、自己感受到的可恶的东西，不是真实的本相，而只是焦虑、羞耻、抑郁的表征。

每个人都会有焦虑症

只要活着，你就有焦虑症。这并不是说你就会感觉像艾丽莎那样有气无力、疲惫不堪，到了必须进行心理治疗的程度。我把焦虑紊乱这个概念范畴扩大到包括我们所有的人，但并不意味着那些患有严重持续的焦虑、致人瘫软的恐慌、创伤后应激障碍、严重恐惧症的人所经受的巨大痛苦就像常人的焦虑一样微不足道、不值一提。

但是，焦虑影响着我们每个人看待自己的方式。正如作家苏珊 · 杰弗斯所提醒的那样，焦虑启动了我们脑子里的话匣子，透露出灾难的脚本，喷涌出一连串的质疑，质疑我们应对新事物、处理新问题的能力。它驱使出“低劣自我”的思维方式，鞭笞着我们以最反动的方式行事。所以如果你想报名参加一堂瓷器课，或者办一个宴会，或者搬到另一个城市居住，你那焦虑的心会立刻会响起多个反对声音，告诉你你的能力不足以承担这个任务，或者不需要去尝试，甚至要你以后再考虑。这样就产生了一个恶性循环。面对焦虑，我们对自己说，我们无法应对任何新的挑战。我们任由恐惧阻挡。这样恐惧就越来越强大，让我们无动于衷、回避退让、保守不变，而恐惧带来的无助和无力感，没有什么比这些更可怕了。

我们都在恐惧焦虑的大染缸之中。只要我们还活着，焦虑就会干预我们对自己和他人的体验，损害其准确性。我们可能无法识别焦虑的骗子真面目，因为焦虑腐化了我们人类的本能，即思考我们思考方式的能力。无论是在个人领域还是在公共的领域，我们很难察觉到焦虑已经把我们套进了狭窄、僵硬、简化、“好人 / 坏人”、速战速决的思维模式里。事实上，我们可能把受焦虑驱动的反应误认为是自己最佳的思维状态。不管你的焦虑像浪潮一样涌来，还是像蛀虫一样一点一点蚕食心灵，它都会有一种扭曲现实的效应。

攀比，攀比，攀比！

焦虑搅乱了我们的判断力和批判力。指向我们自身的时候，它们往往会以消极对比的形式出现。我们都在某种程度上拿自己和别人相比。这样比较，我们很容易觉得自己比别人差，因为我们在拿别人外在的一面跟自己内在的一面相比，而我们并不清楚别人内心的疼痛、脆弱和悲伤，只知道自己最糟糕的一面。

比较是不可避免的，因为几乎所有的自我评价都是与社会常态进行暗暗的比较。有时候这样的比较促使我们做得更好，但是更多的时候会把我们拉下马，因为这种比较是受焦虑驱使的反应。

◎ 我的性冲动就是我自己

再说说简，我以前的一个心理治疗对象。今天她跟我讲，她和两个女性朋友聊起了性，她们详细地描述了内心不可控制的性欲以及狂野的高潮。简知道有一个常规的可接受的范围，意识到她的朋友们可能讲得太夸张了。另外那两个朋友还未婚，而她自己已经结婚8年。但简还是跟我讲，她觉得自己欲望低，心里很难过，而且老想着这个事。这么些天来，她都无法跨过心里这个坎。

听了简的话，我很震惊，她对自己天生的生理性的性欲望有如此狭隘消极的想法。首先，除了身体上的联系，她与丈夫还有很多生活中的、情感上的、实际的联系。其次，性生活的质量也不只取决于性高潮的强度。有的女人以机械的或非人的方式，就可以达到很强的性高潮，但她们有可能对其他方式的亲密毫无感觉。

至于生理方面，简很符合专家所说的低性激素（即低 T）女性的情况。爱博士 (此人真的姓“爱”) 自称为低 T 人士提供了一个有趣但准确的描述。

首先你必须集中注意力，集中再集中，直到你心里获得相当的性幻想。然后，一不小心，天花板上的一个黑点，或者还有要洗的衣服，扰乱了你的注意力，那你得一切都重来一遍，也许折腾数遍之后，你最终能达到高潮的兴奋点。你高潮感觉，如果非要做个比较，也许跟你的高 T 性伴侣并无不同，但你达到高潮的过程却大不相同。也许你无法成为发起性爱的那一方，即使你成了发起者，那也只是出于爱和奉献，而不是出于欲望。对于低 T 的人来说，最初的新鲜感消失之后，欲望还要经过一番努力才能获得。

• • •

无论她的朋友是否有所夸大，简的观察是准确的，在性体验的强度和力度方面，人与人大不相同。其实人们在其他方面的能力也是大不相同的，比如欣赏自然、艺术，感受友谊，享受工作、运动的乐趣，聊天幽默，声色犬马，等等。我与简相处多日，很清楚如果她不对自己的性欲望感到焦虑，她也会找到其他消极的事物把自己的大脑包裹起来。她在紧张焦虑的时候就是这样的。她不由自主的想法可能是："我要像玛丽一样聪明、出色、漂亮，就好了！""与朋友阿琳相比，我还没对世界做出任何贡献。""如果人们看穿了我，他们都不会喜欢我的。"焦虑产生了这一种螺旋式下降的思维方式。

并不是自己有哪方面的缺陷这个事实造成了简的痛苦，而是她的思维方式造成了她的痛苦。作为她的心理治疗师，我疑惑的是为什么现在才出现。也就是说，是什么促使她在这个时间点上关注自己有缺陷的性欲望。

这个"为什么是现在"的问题，与我们每个人都有关。你也许从个人经历当中就知道，你的自我意识是相当模糊、相当灵活的。你可能在员工会上无法正确读出一个完整的句子，然后在那天晚上给朋友发邮件的时候又相当幽默俏皮。你可能一天早上照镜子时被自己的样子吓到了，而第二天起来再看看又觉得自己相当不错。然而你并没有真的一下子从16码缩到12码，这是怎么回事呢？

从简的情况来看，"她有很多东西在盘子里"。我们在人生中总有时候各种压力都聚到了一起。简就在自我挣扎，纠结于要不要辞掉一份她很讨厌的工作，担心如果离职了就无法生存。她的丈夫也快下岗了，简当前的这份工作是一家社会服务机构，正在应对越来越少的资源，挣扎在破产倒闭的边缘，像一个没落的大家庭。我同时也提醒简，她还面对一个重要的周年事件：女儿六岁了，而就在简自己六岁那年，她的父亲死于中风。简贬低自己的程度很好地反映了她所面对的这些巨大压力，这也预示着她需要转换自己的注意力找到真正的问题所在。

至于那个让人沮丧的比较，现实是：世界上总有一些人会在某方面比我们拥有的更多，比如更好的性生活、更大的房间、更听话的孩子，等等。同样也一定会有某些人比我们拥有的更少。那些拥有更多的人和那些拥有更少的人，两个群体中都会有一些人能够过得有活力、有快乐，而两群人当中总有些人长期感到心酸、受骗、不幸。拥有更多我们想要的东西会让我们的生活更舒适，但是它并不会给我们带来生活的意义、真正的幸福，或者自尊自爱。简需要从这些无意义的比较中走出来，学会更现实地享受现有的快乐生活。

◎ 站那么高干什么呢

焦虑在有些人心中会引起卑微无能之感，在另一些人心中却引发自恋自大。因此高度焦虑可使你自以为无事不通、无师自通，会使你深信，诺贝尔奖原本非你莫属，只可恨天不助我，更可恨助手低能。症状稍轻一点儿，你会觉得自己掌握了宇宙真理，任何与自己想法不统一、感受不一样、表现不一致的人，都是大错特错、执迷不悟，改造他们是你肩负的使命。

如果有上述症状，那你可能完全没有意识到，是潜在的焦虑激发了你这种防御性的优越感。你可能把这种焦虑导致的行为反应误以为自己出手做了该做的事，帮了该帮的人。也就是说，你过于“强势”了。

◎ 做得太多与做得太少

其实跟自卑自弃一样，自矜自傲也是缺乏自尊的表现，两者只是焦虑失衡的正反两面。如果你在人际关系中很强势，那么你会自以为是，觉得自己“高人一等”；如果你很弱势，那么你会自我怀疑，觉得自己“矮人一头”。我们先厘清概念。

如果你在压力之下变得“强势”，那你可能：

- 不仅觉得自己的选择绝对没错，而且试图指挥别人做选择。
- 快速强力介入，或提议、或救助、或调停、或接管。
- 难以静坐一旁任由他人在自身难题中挣扎。
- 转移焦点，关注他人他事，回避自身目标与问题。
- 耻于暴露自身脆弱低能一面，尤其是在面对那些被视为有困难者之时。
- 赢得“绝对可靠”“办事稳妥”的好名声。

如果你在压力之下变得“弱势”，你可能：

- 在有些方面就是无法分条析理、高效办事。
- 压力之下能力下降，导致职位不保，诱使他人取而代之。
- 在家庭或工作巨大压力下，情绪极度不稳，生理反应明显。
- 成为闲聊的话题、担心的对象、关注的焦点。
- 被人说“弱不禁风”“病怏怏的”“懒惰无能”。
- 无法向关系亲密的人展示强大能干的一面。

“强势”与“弱势”都是应对压力的自然反应，都是为了减轻我们内心的焦虑，特别是当我们不知道真正的威胁来自何方，不知如何处理的时候。正如追求与逃避，我们应对焦虑的特定方式无所谓好坏，也无所谓哪个更好、哪个更差。每种应对焦虑的方式都有其好的一面，也有其出问题的一面。

如果强势者与弱势者刚好搭配在一起（这种情况经常发生），那么两者间的互动模式（或可称之为“双人舞”）就会问题重重，因为他们一方处理焦虑的方式正好激发、助长了另一方处理焦虑的方式。如果对弱势者采取强势姿态，弱势者就会变得更弱势。这就像追求者与逃避者的关系一样，如果你追求逃避者，他会逃得更远，反之亦然。我们驾驭人际关系以缓解个人焦虑的种种方式，从长远来看却只会使局面更紧张，这真是个不幸的讽刺。

当焦虑来袭，与逃避者和强势者相比，追求者和弱势者更容易自卑，因为他们带有更重的焦虑情绪，更有可能被视为双方关系的“问题”所在，但是两者的区别只是表面现象。双方面对的挑战都是要遵循各自应对焦虑的方式，让自我和双方关系向更健康完整、更和谐平衡的方向发展。

当然，同一个人可能有时强势有时弱势，这取决于情境与场合。我焦虑的时候，会在一些实际操作领域和现实生活技巧方面（比如看说明书、带儿子上医院）变得弱势。此时，我可能一点儿能力都发挥不出来，不知道该做什么，也做不好该做的事。而在情感和人际关系方面，我在压力下往往变得更强势（如果我不有意克制的话），表现为评头论足、乱下评判、喜欢指责他人错误、喜欢强行给人提意见。

◎ 她怎么就是改不过来

下面是我个人的例子，是我对朋友指指点点、表现强势的一面。

我珍视友谊、重视朋友，信任且深爱她们，常常不害臊地叫她们“亲爱的”“宝贝”。平时冷静理智的时候，我很欣赏她们的为人，真心觉得我能从她们身上学到许多，觉得她们的局限和弱点只增加了她们独一无二的个性。这个时候，我与阿内丝·尼恩有共鸣，她说："每个朋友在我们心中就是一片天地。"

但是其他很多时候，我会盯着某个朋友的一些缺点不放，或者老是说她搞砸了和某人的关系。这个时候我是应该克制一下自己的，但我经常不请自来，强力建议她管好自己的事。如果我对那个朋友的"问题"非常有意见、特别看不惯，我会在脑海里教训她，指挥她该怎么做。在脑子里发挥自我想象，那还好。但如果在内心焦虑的驱使下，一心想着要启发一下好友，就直接上前强行跟她们摆事实讲道理，那就很让人厌恶了。

比如，在伯克利的一个朋友常跟我抱怨她丈夫，而她自己又不敢当面跟她丈夫讲。她说她受够了他霸道的行为，但是我每次鼓励她大胆地说出来时，她又说"没用，说了更糟糕""你不了解比尔这个人！"等等。

平时头脑冷静的时候，我可以很清楚地看到朋友在她婚姻模式中所扮演的角色，但我不会想要她改变这种角色。我会用些有创意的方式表达自己的观点想法，尽可能让她听我的建议。但是我也理解朋友有许多现实顾虑，可能比我能想到的都多，因此不得不维持夫妻关系的现状。

如果哪天我发现自己对朋友没骨气的表现烦心不已，那我知道我的这种心理反应肯定是闪了红灯，警告我正处于焦虑之中，对非自身参与的事感到紧张。过度关注他人的问题，并为此感到紧张，这是常见的自然的反应。

因此，我试着弄清楚那天激起我“强势”反应的来自其他方面的原因。是不是和我父亲有关？对任何重要的事，他总是唯唯诺诺，不敢站出来表态。是不是那天我自我感觉糟糕，或者对将来忧心忡忡？有没有其他什么事让我内心紧张焦虑，而我却完全没意识到？

我一紧张焦虑就有指点别人的冲动，所以我学会了克制等待（至少大部分时候是这样的），等上一两天看是否还想这样做。通常等一两天，这种想指点别人的冲动就消失了，因为它本身就是由我的自身焦虑引起的。等上一段时间，也能让我有更清晰的本能回应，更清楚该不该做、如何去做。面对焦虑，我的格言是“趁冷打铁”。

当然，并非所有冲动都是焦虑导致的。细心体会，你一定能分清焦虑的、不冷静的冲动和生活中的激情体验，人生激情是灵魂之火，给我们的事业和爱情增添能量和乐趣。但是，你琢磨别人的错误或不良表现时，正好反映了你自身的焦虑，你花在上面的时间可以很好地衡量你焦虑的程度，不管你是否意识到焦虑的源头在何处。

◎ 引发你焦虑的魔咒是什么

怨天尤人往往是一种强迫性思维。比如，每个人都可能有各自激发焦虑的魔咒，在脑海里一遍又一遍地像磁带一样反复自动播放。这种不断重复的念头常常聚焦于你所受的不公平对待。你的魔咒可能是“我姐姐骗了爸爸给我的钱”，或者“受不了哥哥天天喝酒”又或者“我前夫/前妻教唆孩子不要理我”。

你是对是错并不重要。问题是这种焦虑激发的思维完全没有建设性，浪费了宝贵的时间和精力。自怨自艾、感觉前途黯淡、仿佛世界末日来临，这种焦虑引发的消极情绪也一样没有任何建设意义。注意自己的身体反应，观察自己的思想变化，你一定能分清冷静思维和焦虑思维，冷静思维能解决问题，而焦虑思维会使你反复强迫性地聚焦于某个人或某个问题，但最终无济于事。

自尊的基础

自尊自信首先建立在对自身优缺点的客观认识之上。优点、缺点，我们每个人都兼而有之。但焦虑恐惧把我们推向极端，要么感觉自己像傻瓜疯子，要么强装无欲无求、毫无问题、完美无缺。就本质而言，焦虑会让你无法保持冷静客观，忘记自己是个复杂的、奇妙的，也是有缺陷的，永远处于变化之中的个体。不能客观地看待自己，也就无法客观地看待别人。

良好的自我认知也要求我们带着好奇、忍耐和幽默看待自己的弱点和局限。人无完人，人人都有提升自我的空间。自我观察、自我反省、自我革新，本质上是自我关爱的过程。但是在自我鞭笞、自怨自责、末日降临的心理氛围中，我们无法实现自尊自爱、自我发展。

如果你不是圣人，也不是高僧，那你必然会出现一定程度的焦虑，让你对自己和他人指指点点、妄下论断。记住，不管是指责别人，还是指责自己，喜欢评判指责的心理是衡量你有多么紧张、多么焦虑的可靠仪表。指责他人其实只是自怨自责的另一面。

◎ 过好我们现有的生活

真正的自尊自信并不来自与他人的比较或高人一等的感觉，也不是快乐幸福童年的必然结果。坚实的自尊自信是用不懈努力换来的，它来自对自身创造力的发掘，对个人兴趣爱好的追求，来自提升能力、发展人脉的过程，来自对友谊、爱情、社会活动的热心投入和积极参与。只有遵循内心深处对是非对错、轻重缓急的判断，认可、接受并乐于分享自身的能力与缺陷，以诚实正直、平和客观、慷慨大方的精神处理人际关系，我们才能巩固自尊、提升自信。过好生活是我们一辈子的事业，需要我们全神贯注，全力以赴。

每个人的人生都是独一无二的，每个人的人生都有价值。我们生来都是要做自己的，而不是做任何其他人。我们都面临着一个人生挑战，那就是过好自己拥有的生活，而不是自己想象中的生活，不是自己渴求的生活，也不是认为自己该过的生活。所以我们不管怎么样都要尽力摒弃一切焦虑导致的自怨自责和攀附比较。人生短暂，我们没有那么多时间。

然而事实上，你总是很容易感觉比别人优秀或者感觉比别人差。为此感到焦虑，那是人之常情，但是你可以观察它，对它采取应有的态度。焦虑不会永远消失，但焦虑不是你本身。你比焦虑大得多、强得多、复杂得多，它只是个可恶的骗子。当你对自身能力失去了信心，不再积极乐观、不再感到幸福快乐，当你对自己或他人怨恨不满，当你感到比别人高明或者比别人低劣，当你感受到焦虑引起的身体不适或者陷入恐慌引起的痛苦之中时，请停下来想一想，那只不过是焦虑情绪在作怪。辨清焦虑的多种面目，不把焦虑等同于整个的你，对你就有莫大的帮助。

◎ 弹橡皮圈

有若干做法和技巧可以帮助我们缓解自怨自责或者其他焦虑导致的无益情绪。我不是专攻技法的心理师，所以我一直很愿意向我的客户们学习有用的技法。

凯蒂女士告诉我一个技巧，可以控制情绪，避免对自己或他人产生不必要的怨恨责备。她在美发店看到一本女性杂志，里面一篇文章提出用“橡皮圈技巧”阻止强迫性思考。

凯蒂发挥自己的想象力，利用自己学到的知识发展了这一技巧，使之成为能为己用的好办法。

她的做法是这样的，一旦察觉自己有消极负面的想法，她就会拉起手腕上的橡皮筋弹一下，用戏谑的口吻对自己说："你好，又见面了，你这愚蠢刻薄的小'想法'，今天过得怎么样？"如果周围没人，她就会大声地喊出来。然后想象前面有辆红色的垃圾车，她会把这个"想法"一下扔进垃圾车里，让它顺着轨道溜下去，在轨道尽头掉到垃圾堆里。她不是想阻断这些想法（她也做不到），而是找到自己的方式跟这些"想法"打招呼，然后用自己奇妙独特的幽默感，给每个刻薄的想法（那时候是对"不争气的弟弟"的不满情绪）一个欢迎的拥抱，然后把它打发走。

凯蒂没有过多的去想，为什么自己的脑子在某个特定的时间点总是萦绕着某个消极的想法。她的看法是，思想情绪的变化更多的与自己"奇特的大脑化学反应"有关，而不是什么心理的变化。不管怎么说，凯蒂带一点儿傻气糊涂的天性，采用这个技巧，加上每天做有氧运动，迄今为止为她缓解不良情绪提供了最好的解决办法。

让头脑冷静下来，凯蒂释放了自身的创造力，让她更好地处理人际关系中的问题。关系陷入疏远隔膜、埋怨指责中，十有八九是焦虑情绪作怪。只有冷静下来思考，而不是冲动地回应，才能带来真正的改变。

比如凯蒂，她就在跟踪自己的情绪变化，努力调整对她那“弱势”弟弟的强势态度。压力带来焦虑时，她自然的反应是提意见，动手协助，甚至借钱救他出来，而她弟弟并不领情，不理会她的行为，甚至都不愿见她，这样她就进入了那个责怪埋怨、造成隔膜距离的角色。她会因此陷入强迫性的反复思索中，后悔为弟弟做这么多，恨他贪婪、狡猾、不负责任。

凯蒂学会了把对人的期待值降到零，不指望弟弟有任何改变，认识到不急着帮忙就是帮了他的大忙。她也不疏远弟弟，而是给自己的指责抱怨设了界限，努力与他保持亲情联系。（比如她会说：“对不起啊，我也没钱，我都很担心接下来要买什么东西。”）清楚有些事情帮不了忙，她也开始学着不再长篇大论讲大道理地教训人。就算他跑来问她的意见，她也学着不直接给他答案，不代替他做选择。（比如她会说：“我是这样做的，不知道对你合不合适。”）这种转变是个艰巨的长期的工程，比弹橡皮筋难多了。

凯蒂能这样坚持下去，就一定能减轻焦虑，脚踏实地地做人。在我们做出不能给我们赢得喜爱赞同的改变时，“坚持下去”是对我们勇气的终极考验。因为变化的过程要求我们为了长远的回报要忍受短期的巨大焦虑。

The Dance of Fear

第6章 为什么我们害怕改变

渴求改变的愿望和面对改变的恐惧，这两者是永恒不变的，对我们保持身心健康、维持人际关系都很重要。一方面我们渴求学习发展，试验冒险；另一方面又对这些改变感到焦虑不安，我们常在两者之间徘徊。改变必然造成损失，即使是我们内心深处真正渴求的改变。

在此我要分享一个小故事。我小儿子本六岁的时候，我的第一本书《愤怒之舞》[㊀]出版了。我无意间听到他跟小伙伴大声说："你知道吗？我这一辈子，我老妈都在写她那本书！"他说得没错，写书出书的这些年，我完成了不少事情，而他在这几年又发生了什么变化呢？他从一个不会说话、没有认知能力、没有完整自我意识，只会啼哭的婴儿，长成了一个具有鲜明个性，能自己上厕所的六岁儿童，还对纽约出版界的一些内部运作有了相当丰富的了解。看，这就是改变！

有时我颇为感慨地跟朋友说："如果我们大人能保持小孩子那种应对变化和成长的出色能力，那该多好啊！"最近拜访两位朋友，他们的孩子仅在日常生活的接触中就学会了说流利的法语和西班牙语，令我羡慕不已。

然而，事实上如果我们大人像孩子幼年时期一样发生如此巨大的变化，那将是极为骇人的。我们都会因此焦虑不安、心痛郁结、难以排解，因为变化使生活丧失了平和稳定与完整统一。人生没有了锚地，世间即无安身之所。

㊀ 本书已由机械工业出版社出版。

我们不仅希望自身保持高度稳定一致，同时也希望我们关心的人没有太大的变化。不管我们对难缠的弟弟、唠叨的母亲有多大的抱怨，我们还是希望下次见到的时候他们大体上还是老样子。我们也许希望他们有所改变，但只是希望他们朝我们期盼的方向，改变到我们期盼的程度。而他人对我们也有类似的期待。做出改变的能力与抗拒改变的力量同时维持着我们的自我认同，稳固了我们与他人的联系。

改变：何处是尽头

改变是一件引发焦虑的事，因为只要你做出一个变化，就无法仅止于此，谁也不能保证变化何时停止。比如，你决定伸张自己的权利，跟丈夫说你要对家庭财务享有更多的知情权和管理权。又如，你坚持要求他明年夏天陪你去希腊海边偏僻的小岛上探索古迹，而不是连续第三年到威斯康星州他父母家度夏。如果你真的坚持自己的主张（也就是说，你觉得自己完全有这个权利，真的说到做到），那么你会发现有好几个甚至几十个其他问题会冒出来要你面对。

你丈夫也许会说："不行，我们还是要回老家，爸妈要我们每年都回去，不回去他们会很难过。"也许此时你才开始意识到，自己嫁了一个在父母面前不能坚持立场或者不愿坚持立场的男人，而且发现回老家只是众多问题中的一个。

那么你接下来怎么办？固守立场、坚持己见，跟他说："我理解你对父母的关心，我也不想让他们伤心，但我不想每个夏天都在那幢老房子里过，我还是想换个地方。"这时，你丈夫回答说："我们就回那个老房子，不多说了。"那怎么办？对自己说，这人真难办，没办法，只能这样了；还是提议说，他回老房子，你自己和闺蜜去考古探险？或者跟他说，做任何决定，不管是度假还是其他事，你都有平等的投票权？又或者不说话，生闷气？抑或是想想如何创造性地保持与丈夫的交谈沟通？

你在夫妻关系中发出的声音越大越坚定（同时越清楚地分清哪些事可商谈、哪些不可谈），就越能检验丈夫和婚姻面对改变有多大的承受能力。当然，他可能给你一个惊喜，说："哇，去希腊考古探险，好极了！"那么这次探险可能带来新的认知，而这些新的认知又将威胁改变你可预知的婚姻现状，带来更多的焦虑。

◎ 托斯卡纳的烹饪学堂

我曾接触一对接受心理治疗的夫妇，他们结婚多年。几乎从两人认识那天起，克雷格和简妮特就进入了固定的互补的角色。丈夫是领导者、教授者、大能人，而妻子是追随者、学习者、孩童的角色。简妮特把丈夫理想化为才华横溢、卓尔不群的人，其智慧远超自己的能力范围，因此对丈夫迂腐卖弄、无所不知的态度，对自己的不断退让、接受，总能忍气吞声，毫无怨言。

在克雷格的提议下，作为托斯卡纳度假计划的一部分，他们参加了一个烹饪学堂。这次他们发现，旅行中妻子方方面面都比丈夫表现得更为自如、更有能力。简妮特的意大利语突飞猛进，而克雷格却毫无进展，他甚至也不想学着说意大利语——除了为了避免尴尬，偶尔说句“布昂基奥诺”[⊖]。烹饪课堂上简妮特也是明星学员，此外，从理解外汇汇率、与当地人交流，到规划白天非常规旅行路线，她理解把握任何东西都很快。克雷格则很难维持自己的主动权。但他没有直接表露自己的不安和焦虑，而是变得烦躁不安，不断对意大利和这次旅行表达不满。他对简妮特抱怨说：“生活的城市已经给我们提供了大量的美景、丰富的文化活动，够我们享用一辈子了，真不知道花这么多钱跑6000千米到这里来有什么意思。”

回到家，旧的平衡的婚姻关系就崩溃了。简妮特发现自己在用餐、社交、消费、储蓄、旅行等一系列问题上越来越强势，而不愿自动接受克雷格的主张。甚至在一些小事上，她也变得更加固执己见。比如，他们一起看个电影，克雷格会滔滔不绝发表一番评论，仿佛就是影评界的盖棺定论，这时简妮特会微微地打趣道：“难道就没别的观点了吗？”然后陈述一番自己的观点。她开始更客观地看待自己和克雷格，

⊖ 意大利语“早安”。——译者注

而不是迷信地认为丈夫出类拔萃的智慧让他们之间的智力差距无法衡量。

即使这对夫妇那个夏天没去托斯卡纳，生活中的其他事情也可能扰乱他们两极化的固定角色。令人欣慰的是，他们勇敢地克服了各种婚姻矛盾，创造性地找到了重新沟通交流、解决一系列婚姻问题的办法。虽然起初克雷格踢腿跺脚、叫喊咆哮、极不甘心，但最终，他还是心存感激，感谢简妮特将他拽到一个全新的人生境界。当初吸引他的正是简妮特的勇敢和博大，而在内心深处，他也正想放下肩负永恒职责的角色带来的沉重负担。

每一个我们刚接触之物（例如以前没到过的国家、刚交的朋友、初生的婴儿、新的工作）都会在我们内心唤起一片新天地。为了避免变化成长内生的焦虑，我们常顽固地抓住熟知的事物不放。紧紧地抓住不变带来的安全感，我们以为可以让所有的人、所有的事像日出一样可靠，像星星一样牢固。然而这是不可能的。生命是一个进程、一场运动、一次大转变。我们尽管努力“留住晨光”，但变化是我们唯一确信必然发生的事。

失去之必然

翻开我在布鲁克林区米伍德高中读高三时写的日记，发现了这么几行："发现新东西就是失去其他一些东西。我为发现这一点而失去的东西感到悲伤，甚至为此哀悼痛哭。"

我不记得是从哪里摘抄的这段话，也不记得是什么启发了我，让我把它写在日记本里，供子孙后代学习。但是我写下它的时候正准备离开老家布鲁克林到威斯康星州麦迪逊市上大学，这肯定不是个巧合。我即将开始人生中最为巨大的生存环境的变化，在当时是仅次于降生在这个世界的大变化。我幻想着自己即将成为一个"完全不一样的全新的人"。各种选择和各种可能层出不穷、纷繁呈现，随之而来的是一个大问号：谁知道前面等待我的是什么？这个问题让我着迷，也让我害怕。

重读日记（常让我羞愧），我发现里面反映的一些恐惧焦虑很普通很常见。比如，人们会喜欢我吗？我聪明吗？能找到一个好男友吗？能跟室友相处好吗？能选到我喜欢的课吗？诸如此类。但是我在日记里记下的那段话，却反映了一种更广阔意义上的焦虑：学习就是发现，发现就意味着要失去其他一些东西。

很明显，每个人都惧怕失败，害怕迎面而来的挑战突破我们的极限。而没那么明显的，是对"做得太过"的恐惧。新观念挑战我们自有的习惯性的思维方式，把我们变回"新手"怎么办？如果我们变得跟以前大不一样，让我们爱的人难以接受，那要怎样才能留住他们？如果新事物的挑战威胁到我们赖以安身立命的珍贵信念，进而威胁到我们与身边重要人物的关系，我们又该如何面对？

◎ 不自知的愚忠

我们的思维方式和人际关系越“稳固”，我们就越有可能担心，猛地接触新事物会扰乱故有信念，破坏重要关系。这样我们就会止步不前，即使自身无意退缩。

克莱尔是我认识的一个很有才华的治疗师，她住院实习的时候有一位出色、可敬的导师。此人给了她很多建议、指导、呵护，促进了她的成长。他和他的爱人也常把克莱尔当家里人看待。临到实习结束，他到处奔走帮她寻找工作机会，写了很多热情洋溢的推荐信。最后，他在自己诊所所属的这家著名医院给她找了一个治疗师的职位。

显然，克莱尔很幸运，有这么一位良师益友、一位近乎教父角色的人生导师，引领她在职业生涯中走上正确的道路。然而，他对克莱尔的提携现在看来却是福祸相依的事。此时她已完全依附于导师，觉得亏欠他太多，故而故步自封，不愿接受新观念、新方向，因为新知识可能违背了她导师的观点，会影响到他们之间的特殊关系。有一次她获得了一个学习新型心身疗法的机会，这种新疗法深深地吸引了她，但她放弃了这个机会，骗自己说“太忙了，没时间”。这种不自觉的愚忠极为强大。我认识的一些极为聪明的人放弃了独立的思考和极佳的想法，只因不想破坏与导师、老师、医师、配偶、父母、老板、同事业已建立起来的联系。

改变是引发焦虑的活动，对做出改变的人和面对改变的人都一样。我们经常害怕他人的举动带来新的观念和新的体验，担心他们的举动会造成我们无法弥补的鸿沟。任何关系都可能产生这种焦虑，下面这个故事将告诉我们，母女间过于强烈的纽带关系反而会使双方都冒险进入一个令人伤心的新境地。

◎ “以前的你有什么不好？”

玛丽安第一次做治疗时对我说，她觉得自己可能得了女性杂志上说的“成功恐惧”综合征。那天下午她的博士论文取得了突破性进展，但她却陷入恐慌之中，觉得自己得了心脏病。她之前几个星期一直思维困顿，引论部分写完又抹掉重写，毫无进展。而那天早上醒来，她突然有了一个新想法，带着清晰的思路，她轻松自如地写了起来。有此突破，她写得异常兴奋，于是想着把论文变成论著出版，在这一领域做出自己的贡献。结果到下午她就开始头脑发晕、胸口疼痛，最后把自己送进了急诊室。

“我知道这听起来很不可思议，”玛丽安跟我说，“但当时我觉得事情已经过去了。我心里默念着，‘好了，你活该，这就是你读博士的惩罚，这就是你自以为很聪明的下场，也是你只顾自己、自以为是的结果。’”

玛丽安来自爱尔兰工人阶层家庭，在她的出身环境中，顶着一颗“自负的大脑袋”吸引别人的注意，不管好坏，都是禁忌。玛丽安是她整个家族第一个上大学的女性成员。她母亲菲奥娜以前非常想让女儿接受教育，现在却渐渐对玛丽安冷言冷语、尖酸刻薄。玛丽安获得读研奖学金，激动地跟她母亲说，教育使她“完全变了一个人”。母亲厉声打断她：“以前的你有什么不好？”即刻转换了话题。玛丽安荣获学术奖，邀母亲一起参加颁奖仪式，但母亲冷言拒绝，也没有明确表示遗憾，只说自己约好了要去看医生。这样下来，到玛丽安开始接受心理治疗的时候，她已和母亲形同路人，每次和母亲谈话，她都愤恨不已。

◎ 潜在的焦虑

菲奥娜是怎么回事呢？教育把她女儿改造成“一个全新的人”，也许是这个想法把她吓坏了。要是这个全新的人觉得自己太优秀了，这个家都配不上她怎么办呢？要是玛丽安渐渐地嫌弃自己的母亲呢？还有，也许菲奥娜内心还怀着一点羡慕嫉妒，这就更加深了她对女儿继续深造的复杂态度。

可以想象，在内心深处，菲奥娜还是极为有这么个女儿感到自豪的，她也从心底里希望女儿能抓住所有深造的机会，实现她自己没有实现的愿望。但同时她也很有可能感到害怕，害怕失去女儿，因为教育让女儿跟自己拉开了距离。

或者害怕女儿会失去家庭归属感，忘记家庭出身。玛丽安继续深造很有可能让她跳出父母所处的社会阶层，这也许是她母亲担心的问题。

治疗过程中，在我们的共同努力下，玛丽安更清楚地感受到了内心潜在的焦虑，正是潜在的焦虑不断激起她和母亲之间的紧张关系。最后，她终于准备向前迈出勇敢的一步，请母亲到她公寓共进晚餐。餐后，她们喝着咖啡，轻松地聊起来，玛丽安趁机温情地对母亲说："妈妈，能读研究生，我心里很高兴，也很庆幸。我这话可能听起来很可笑，但是我还是想说，我担心书读太多了，会失去家人，担心你会没那么喜欢我。有时候我感觉你不太赞成我读书读到那么大年纪，我不知道你是为我骄傲自豪，还是希望我早点找工作、成家、安定下来。我讲的这些，不知道你怎么想？"

以非责怪的方式点出真正的问题所在（"我担心书读太多了，会失去家人"），这是玛丽安做出大胆改变的第一步。以这种方式直接表达出来，能让母亲的焦虑不再一直深埋心底，深埋心底总有一天会爆发出来。但是焦虑并不会一夜消失。对玛丽安的内心告白，她母亲却不屑地说："不知道你在说啥。"然后转换了话题，说起了她的菜园。

◎ 维系亲情

那天晚上玛丽安没能让谈话进行下去，她知道母亲无法直接面对引发焦虑的问题，直面问题不是母亲一贯的方式。玛丽安也没有自我辩解，她对母亲产生了更深切的同情，因为她知道自己的职业发展对母亲来说却是潜在的威胁和可能的损失，甚至是对母亲人生道路和职业选择无言的否定。她现在只把母亲各种令人厌恶的表现视为必然的反应，在任何家族体系中，家族成员发生重大变化，打破了家庭关系的现状，都会招致“赶紧变回原样”的反应。

玛丽安也察觉到自己疏远家人的心理倾向，因此她尽力避免说任何引起母亲焦虑的话。比如，她跟母亲说教育使她成为“全新的人”，这时她能预料到母亲的焦虑会冲上天（她的火气也会冲上天）。因此，她应该在坚持自身选择的同时，努力找到共同的出发点，维系与家人的亲情关系，尊重母亲的人生选择和职业能力。作为先锋跳出家族所属的职业和阶层从来就不容易，只要玛丽安疏远母亲或者见面就来气，那么“成功恐惧症”就会一直困扰着她。

一个周末的下午，喝着咖啡，菲奥娜突然问女儿：“玛丽安，跟我讲讲，他们都教了你一些什么东西？”玛丽安又一次心跳骤然加速，持续了好几秒钟，她想起那天把自己送进急救室的情形。但这次她深吸了几口气，立刻平静了下来，接着跟母亲讲了讲她选择的研究领域——手工艺术史。菲奥娜语气温和地回应说：“你姥姥手艺很好，你继承了我这边的家族传统。”玛丽安就问起姥姥的手工艺，两人因此聊起了织被子和其他纺织工艺，这正是她母亲一直以来的兴趣爱好。后来玛丽安跟我说："那次谈话可能是我和母亲聊得最开心的一次。"

即使菲奥娜并没有因此发生任何思想转变（如果你也是这种情况，我建议你不要抱任何期望），玛丽安也勇敢地说出了心里话，大胆地行动了起来。她清楚地理解家人内心的矛盾，他们总是在支持她职业发展和担心她变化太大之间挣扎，因此她没有对母亲的回答往心里去，让自己冷静下来，控制住了焦虑情绪。年轻一代人的改变越大，老一辈人的焦虑越明显。玛丽安学会了既注重自身的发展，又不放弃与家人的亲情联系。

不要下水

不管你来自什么样的家庭、处于什么样的关系之中，你生活中的重要人物（不管是过去的还是现在的）都会对你前进的步伐感到焦虑，即使他们真心鼓励你向前迈进。

以前有这么一首民谣：

"我能出去游泳吗？"
"去吧亲爱的孩子，
脱下衣服挂树丫，
不要下水打水花。"

父母会对你说："祝你成功！"但实际上可能并不在乎你是否成功，甚至在背后阻碍你成功。伴侣或朋友会高兴地说："你去吧！"但私下里加一句："不要去太远。"丈夫可能真心希望你获得晋升，但是如果你变得工资比他多、职位比他高，他会反应强烈。或者他会跟你说："你就去吧！"但这句话的潜台词是，"只要我的生活不会因此发生什么改变"或"只要你不发生什么变化"。

即使没有得到类似的情感复杂的回应，我们每个人对新发现新行为也都有一丝焦虑，因为新发现可能动摇我们既有的观念，改变我们原有的重要关系。作为一个心理治疗师，我的工作是帮助人们应对其人生中最难处理的关系，鼓励他们大胆地做出勇敢的改变。在做出抉择改变这方面，我向你保证，焦虑是一视同仁的：每个人获得焦虑的机会是一样的。因为延续旧的行为总是更容易，所以我们一般都很容易找到理由，说服自己不做不一样的事，不说不一样的话，或者不要自找麻烦。只有做出改变之后，我们才必须面对改变引发的焦虑——可能是我们自己的焦虑，也可能是他人的焦虑。

应对"回击"

当你试着表达异常的决定、提出反常的要求或做出威胁现状的举动的时候，变化引发的焦虑才刚刚开始。接着对方会做出“回击”或者呼唤你“变回来”的举动，试图恢复原来的状态，要你变回原来的样子。比如菲奥娜就收回了对女儿的关系和支持，以此回击女儿拥抱外部世界的决定。

回顾一下前文所述基本家庭理论，变化的过程大概是以下这样的。家庭中一个成员开始表现出更强大、更独立的自我，做出有违家庭规则或不符合家庭身份定位的举动，紧张焦虑就随之而起，接下来总是这样的：

1.“你错了！”然后是一堆反对的理由。

2.“改过来我们就原谅你。”

3.“你不改过来，后果不堪设想。”然后列出你要面对的后果。

“反击”的方式很多，那个人可能恨你不忠不孝（“你跟查理叔混一块，不知道有多伤你爸的心吗”），可能怪你自私缺心眼（“这事你不能跟你妈说，她知道了会难过死的”），或者指责你执迷不悟，疯狂颠倒、是非不分，又或者干脆说你就是不对（“我知道你不会真这样”）。他可能威胁退出或终结你们之间的关系（“你要这么讲的话，咱们就没什么好说的了”），也可能跟你生闷气、争吵、打架，或者背后说你坏话。总之一句话，焦虑害怕的时候会做的事情他都有可能会做。

家庭成员拒不承认你发生了变化，也是他们“回击”的一种形式。焦虑系统的特征是：有各种严格的规矩、固定的角色、分明的界线（“乔叔是个圣人”“玛丽阿姨很自私”），而这些都是僵化刻板的条条框框。所以如果你说乔叔有哪个时候不讲道德，他根本就不听，要不就找理由百般辩解。如果玛丽阿姨什么时候变大方了，有人就会说她“伪善狡猾”。不接受改变、不认可变化，也是一种要求你“变回来”的举动。

不管表面上是什么形式，他们的“回击”只是衡量体系中紧张焦虑程度的指标。并不是说对方不喜欢你了，也不是说对方不想看你做到最好，而是说在某方面特别依赖于你的人把你的变化视作潜在的威胁和损失。你要做的并不是阻止对方的“回击”，你想阻止也阻止不了。也不是要你要求对方不要有这样的反应。真正的勇敢是，你要经受变化引起的焦虑，在滚滚而来的“回击”浪潮中稳住航向，就像玛丽安对她母亲所做的那样。

简而言之，变化带来的挑战要求我们对来自内部和外部的抵抗有所以预期、有所准备，适当地管控自身的焦虑，这样在对方由于焦虑表现得有点傻的时候，我们能做到最好。我们聚集足够的勇气，朝更真实的、更坚定的自我迈进，这时如果对方终于同意了我们的决定，热烈欢迎我们的变化，这当然很好，但是这种情况很少发生。

我父母和我自己

我对家族体系理论产生了浓厚的兴趣，决定改变自己所处的三角关系，因此我亲身研究自己的焦虑。当时我的长期目标是和父母双方都建立起亲密的情感联系。之前我建立了与母亲的亲情联系，却牺牲了父女亲情，父亲处于这个家的边缘外围。我妈妈一下飞机不到五分钟就会把我拉到一个角落，小声地说："我给你讲讲你爸刚刚做了什么！"

事实上，我的家族中，好几代做父亲的都处于边缘外围，而做母亲的和女儿们都抱成团，亲密无间。在我学习家庭体系理论之前，父亲在我眼里只是家族谱系中又一个可有可无的男性，跟他联系就像是造访远房亲戚。

当我试图突破这一根深蒂固的三角关系时，我才真正理解"回击"的力量有多么强大。我仍清晰地记得当时的情况，那是在我第二个孩子本出生后不久，父母一起来看我。母亲在厨房边洗刷边抱怨父亲最近的各种不成熟体贴的行为。父亲和史蒂夫在客厅，两人聊得正欢，毫无疑问也明显地表现出和我们相同的特质。以往的话，我早就加入母亲这一边了，但这次不同了。

我跟母亲说不想在私底下议论父亲了，那一刻深入骨髓的恐惧至今记忆犹新。我温情地向母亲解释说，我已经长大了，觉得有必要跟父母双方都保持密切的亲情关系，因为父母对于我来说都很重要。

我一说完，母亲的焦虑就急剧攀升，她以不寻常的冷漠回答道："要是你都不愿听我讲你父亲的本性，那你就太不了解我了。”我手挽着她，温柔地说：“妈妈，我从我们母女的交流中了解你，那我也想从和父亲的直接交流中了解他。”她推开我，冷冷地说：“你把盘子清一下好吗？”

整个经过就是这样了。父母来之前，这番对话我已经在脑海里练了很多遍，尽管如此，我还是感觉自己像个叛徒。那天晚上我跟丈夫说：“我又给了她致命一击。”之前几天我向我的治疗师兼导师表达了类似的担忧：“我这样说，会让她难过死的。”但我内心里清楚，这样的想法只是非理性的臆想，但是反映了我担心失去与母亲亲密关系的忧虑，因为我在与母亲的互动关系中步伐太快、走得太远了。

然而母亲并没有因为我一句话就一病不起，虽然她的确像我想象的那样反应强烈，而且试着看能不能把我引导回来，恢复以前的关系模式。不过第二天早上她来到餐桌前，看起来还是轻松愉快的，明显晚上睡得不错。而我一个晚上都没睡好，早上起来发现手臂上起了红色的大包，这个新的有色的症状是教我谦逊的一课。母亲对变化的抗拒看来真不小，但是必须承认，并没有我担心的那么大。

这只是家庭生活的一个侧面小片段，并不能完全反映改变牢固的家庭三角关系所面临的巨大挑战。改变的过程要持续很多年，甚至一辈子都改变不了，其间双方关系可能多次脱轨，经过不断努力才能回到正轨。但是多年下来，我不禁感叹于家人“回击”力量之强大，更惊讶地发现他们对变化其实有很强的灵活性，这是我以前没想到的。

改变发生得很慢，这也是必然的。做出小小的改变可以使你看到自己能忍受多大的焦虑，看到面对对方的“回击”，你能多好地把握自己，稳住方向。朝产生变化的方向努力，重要的是前进的方向，而不是前进的速度。一次性改得太多、变得太快，会引发对方强烈的反击，结果反而无济于事，最终没有任何改变。

老天跟你作对

警告：如果你做了大胆的改变，老天都会跟你作对！比如你买了一套新房子，搬进去没几天就发现洗碗机坏了，接着汽车又出毛病了。你会说：“啊，这个兆头可不好，不该卖了那套老房子。”那我建议你换一种思考方式，你要知道，这其实是上天在说：你的改变真勇敢、真胆大！那我给你点颜色看看。你决意要改变？那把你的决心证明给我看！

为了说明上天的“回击”，我们回到前面讲的我的家庭关系的故事。起初产生这个想法时，我就知道改变一个牢固的家庭关系模式可不是简单的任务。作为一个经验丰富的治疗师，我很清楚自己行为的改变会引发怎样的焦虑，我也知道自身内心对变化的抗拒，也预料到家人的反应肯定是让我“变回原样”。然而，尽管我在这方面有深厚的学识背景，但我冒险的举动还是太幼稚了，缺乏充分的准备。因为没人提醒我，我还要面对上天的“回击”。

当时的情况是这样的：那次在厨房与母亲难忘的谈话过后几年，我父亲突发心脏不适，之前他活到75岁连小感冒都没得过。这个突然的坏消息提醒我们，父亲不是长生不老的神仙，终有一天要离我们而去，陪伴我们的时间已经不多了。因此我匆忙地赶到凤凰城去看望他们。那次去看望他们，我对他们特别留恋，所以我突发奇想，决定做一个大胆勇敢的尝试。

这个决定是：我问父亲能否把一副名贵的中国古字画作为礼物送给我。我跟他说我会把字画装裱好，放在家里显耀之处。这个小小的要求也许对你来说不算什么大胆的举动，也许根本不值一提。但是对于我这样的家庭来说，父女间交换赠送特别的礼物是一个十分大胆的举动，因为这样做拉近了父女之间的情感距离，也就违反了我们家族的一贯传统。而且我母亲也收藏艺术品，常常大方地赠送给女儿们，她对父亲的艺术品位颇不以为然。

父亲小心翼翼地把字画卷起来放入卷筒里，这样我就可以拿着它安全地坐飞机回堪萨斯城了。他好几次提醒我，要保证字画整洁干净，要尽快把字画装裱放好，途中不要磕到碰到，由此可见他对这个礼物的紧张程度。

最后到了机场，他还特别慈爱地叮嘱我：“哈丽特，你可别让它沾上鸡油了啊!”我会心地笑了，他说的是我小时候在布鲁克林的事。读中学的时候，我经常习惯性地边做作业边吃零食，有时候把“鸡油”沾到作业本上，让父亲很头疼。

我回到家，既高兴又紧张，这种父女间的亲密联系在以前可是家族禁忌。我暂时没有时间去装裱店，把字画放哪里好呢?我把它带到我在托皮卡市那栋宽敞的老房子里，小心翼翼地把它从狭小的卷筒里抽出来，拿到三楼偏僻的阁楼间里，放在铺了地毯的地板上。整个第三层都是用来招待客人的，这个房间是我的私人空间，其他人的禁地，我一直把自己的手稿和重要文件放在这间房子的地板上。

三个星期后，父亲打来电话问起字画的情况，所以我决定立即把它取出来拿到装裱店去。我把字画从地板上拿起来的时候，简直难以相信自己的眼睛，很不理解这是怎么回事:字画皱巴巴的，上面污迹斑斑!这怎么可能?!我察看了一下地板上字画周围的文件，完好无损，一点儿事也没有。再抬头看看天花板，想看看有没有漏水的裂痕，但是也没看到。我呆呆地站在那里盯着字画，心里很是震惊、疑惑，想起父亲在机场最后跟我说的话:难道是上天在父亲珍藏的字画上滴了几滴鸡油?

我拿起字画冲下楼，朋友在楼下餐厅里喝着咖啡，她比我大近30岁，富有生活智慧。我把字画送到她鼻子底下，急忙问："这是什么？"朋友看了看，闻了闻，做出了她的诊断，她平静地说："这是猫尿。"

原来如此。儿子们经常忘记关大门，经常让前门敞开着，附近的小猫常到我们家院子里来，终于有一次溜进了房间，成功地爬上三楼，在我父亲最珍爱的字画上撒了一泡尿。这个行为该做何解？不是有400平方米的地板可以供这只猫撒尿吗？更何况那个阁楼间的地板上还散落着无数的文件材料呢！它哪儿都不去，怎么就选了这个地方呢？我该如何向父亲解释呢？

正是对这件事的思考，促成了我的那篇文章，我在文章里提出，"上天的回击"这个概念应该加入到家庭关系的研究文献中。同事们觉得我的那篇文章是个搞笑的幽默，但我其实只是部分搞笑而已，我真心认为这个故事有道德寓意可讲。你敢打扰上天的宁静？记住，改变牢固的家庭关系模式，只有我们当中最勇敢的人才能做得到。如果你还没有做好准备应对上天的"回击"，那就不要跨出这艰苦旅程的第一步。

至于我的父亲，他听到这个消息时，出奇的平静。也许我还从他的声音中听到了一丝欣慰（虽然我的感觉可能不准确）。鸡油也好，猫尿也好，总算有些东西没有大的变化，这也是莫大的宽慰。

The Dance of Fear

第7章

职场焦虑

在狂躁的环境中保持冷静清醒

上班是件有压力的事，这对你来说也许并不新鲜，但是紧张焦虑在职场上的作用比你想象得更复杂、更诡秘。先这么说吧，职场焦虑并不仅是职场上的个人焦虑，而是整个职场体系都会变得紧张焦虑。职场气氛紧张时（其实几乎大部分时候都很紧张），就会产生职场本身的焦虑紊乱。

无论公司规模大小，你是职场一分子吗？如果是的话，那你就处于一个焦虑体系中，就像组织咨询顾问杰夫瑞·米勒说的，“你别无选择。”如果你发现自己的工作单位没有任何紧张气氛，那这个单位也维持不了多久了，你该考虑投简历，另谋高就了。

正如杰弗瑞·米勒在《紧张焦虑的组织》（*The Anxious Organization*）一书中所言，焦虑是“一种自然的力量，就像风雨一样不可或缺。各种组织都建立在紧张焦虑之上，紧张焦虑的气氛让它们运转起来”。任何组织不能辨明焦虑、应对焦虑，都将无法生存。作为职场一员，你看不到职场焦虑的信号，不知道如何在个人层面管控好职场带来的焦虑，那你也无法在职场上生存下去（至少混得不好）。

这年头企业衰败、工厂倒闭、无情裁员、瞬间失业，很多人生活在失业和找不到工作的恐慌之中。这是一个为了经济生存而拼命的疯狂且焦虑的时代，奢谈应对和驯服职场焦虑似乎不合时宜。然而，我们大多数人要么从事着一份工作，要么正在努力寻找一份工作。作为现在或未来的职员，我们必须意识到，我们生计如何，部分取决于自己能否很好地估量工作压力，平衡职场焦虑。

如果你目前还没有工作，不在某个职场体系之中，那也别跳过这一章，你可以把本章所学应用于其他体系之中，比如你所在的家庭、学校、公益组织、教会、政府组织等。我们所有人都有相当长的一段时间生活在紧张焦虑的体系之中。我想起传记作家玛丽·卡尔对功能失调家庭的定义："任何不止一个人的家庭"。同样，我可以说功能失调的机构组织就是任何不止一个人的机构组织。

走极端

如果你像大多数人一样在一个单位上班，而这个单位正挣扎于生死存亡之间，紧张地到处寻找生存资源，那你一定会切身地体会到，整个单位就像一个高压之下功能失常的家庭，所有体系的焦虑都有某些共通的特点特征。

正如前文所述，焦虑使个体失去客观态度和心理平衡，把人推向极端。而当紧张焦虑侵入职场时，你的上司对你可能提出过高的要求，也可能没有任何期待；要么反应过激，要么没有回应；要么专横霸道，管得太多，要么撒手不管，退隐江湖。他们会专挑你的毛病，又不给你任何有用的建议，要不就根本无视你的存在。他们可能故意隐瞒各种信息反馈，让你无法完成任务，也可能给你一大堆信息数据，让你无法在规定的时间内处理完。这样的单位可能死气沉沉，没有一点儿开拓进取的冒险精神，也可能鲁莽草率地一头扎进高风险的领域。企业内部可能过于夸张地强调对企业的忠诚和统一的行动，也可能内部管理混乱，无法协调一致地开展工作。这些情况是不是听起来很熟悉？

我要澄清一点：紧张焦虑不失为一件好事，如果它能警示存在的问题，可以激励大家团结一致有效地解决问题。没有焦虑感，一个组织就看不到潜在的威胁，也就不能做出正确的应对。但是如果焦虑频繁出现，这种警示的效果就消失了。相反，焦虑感会搅动每一个人，使他们在威胁性质并不明朗的情况下“蠢蠢欲动”。即使威胁很明显，对于如何应对威胁，大家也无法达成一致意见。缺乏一致的观点态度，没有统一的行动计划，这将进一步引发焦虑，结果变成了长期潜在的内部焦虑。最终导致各种缺乏理性思考的行为表现和极不客观的观点思维，也就不能创造性地解决问题。另外，紧张焦虑的氛围之下，员工的文明素质下降，协调合作不畅，也是预料中的事。

你无法实际地跟踪观察某个体系中的紧张焦虑，因为焦虑是一种无形的力量，可以从一个人传到另一个人，从一个部门传到另一个部门。但是你可以观察一个焦虑体系的症状征兆，就像你可以观察自身的焦虑症状反应一样。观察焦虑是你改变焦虑行为的第一步，只有迈出这一步，你才能更自在、更高效地开展工作。

◎ 你老板是这样吗

如果你在一个长期紧张的体系中工作，就会发现老板或上司有跟其他焦虑者一样的下意识反应。紧张起来，她会乱发脾气，乱下指令，要求立即弄好办成，她会克制不住“大干一场”的冲动，比如立即召开紧急会议，要求员工达到几乎不可能达到的工期，完成几乎不可能完成的任务。当然了，从发热的头脑里孵化出来的任何“解决方案”都几乎是注定要失败的。

其他典型的焦虑反应也很普遍，比如你上司可能只盯住组织里的“热点问题”，而完全忽视其他稍微温和但仍需关注的问题。他可能加入到无聊闲谈的行列，在里面拉帮结派，组成三人组、四人团。他可能在人事任命上随心所欲、任人唯亲，或者突然宣布一个雄心勃勃的大项目、大计划，但是过不了多久就抛之脑后。员工陷入看似无法解开的矛盾冲突中时，他可能会过度聚焦于某几个“刺头”，而不是以完成工作任务为宗旨，保持客观公正，冷静地听取事实真相，向员工讲清政策和程序。

还有什么表现呢？比如上司紧张焦虑起来，还可能提不出清晰的问题，讲不清对下属的要求期待，对下属的工作给不出直接的评价反馈，也听不进他人不同的意见。这时，她说话可能含含糊糊、自相矛盾、故弄玄虚、专横不讲理。或许她想让员工感觉生活在一个“和谐温暖的大家庭”里，但实际做法是压制不同意见的自由表达，为员工利益该做“坏人”的时候又不敢做。

这里我不只是给大家列个清单，告诉大家你们的上司会有怎样的糟糕表现。我们喜欢把一个人的行为表现视为某种“固有人格”的外在反映，但是每个人都会有高低变化的能力水平，能力水平的变化部分取决于他们所受压力的大小和环境气氛的紧张程度。如果你的上司奇迹般地摆脱了压力和焦虑感，他的表现会清晰得多、理智得多、成熟得多。

但是，现实就是现实。如果你所处的职场长期紧张焦虑，那么可能有那么一段时间，你的顶头上司以及其他工作中跟你打交道的人会把你逼疯。如果你不能分辨焦虑感，不能适时调整处理压力的方式，那么你就无法保护好自我，很容易染上高度的焦虑。

所以，请带上人类学家的帽子，把自己当成一个文化习俗的观察者。你要调查研究的是自己职场体系的焦虑文化。记住，所有体系都在相当长的一段时间里得过某种程度的焦虑症。当然，生存资源匮乏、组织机构面临生存危机的时候，职场焦虑最严重。但是记住，任何变化都可能引发体系内的紧张焦虑，这一点很重要。所以即使你所在的单位有充足的资源，你也要记住这样一个事实：你所处的职场体系，就像你的家族系统一样，经常会因为内部或外部出现的变化而受到紧张焦虑的袭击。

焦虑不胫而走

当职场压力来袭，每个人都想摆脱自己的紧张焦虑，因而常把这种焦虑情绪发泄到别人身上，紧张的气氛就会弥漫于整个职场体系中。不管你在单位处于哪一个阶层，能否管控好自己的焦虑情绪，决定了你是让事情平静稳定下来，还是把局面搅得更糟糕。

从系统学的角度看，应对焦虑有五种形式。下面就是我们在压力之下的行事模式。

- 过于弱势
- 过于强势
- 苛责于人
- 远离回避
- 背后指指点点，说三道四

这些行为很好地反映了职场体系的焦虑程度。当然，有无数的方式可以缓解个人焦虑，使人达到舒适状态，比如吃一袋藏在办公桌下的薯条，又如走出办公楼绕着街区走一圈，等等。但是在关系紧张的时候，我们下意识的行为表现都可以归为以上五种固定模式。

这些应对焦虑的模式，每种都像吃薯条一样，只能给你短期的舒适，却牺牲了你长期的利益。你处理焦虑的方式会与其他人处理焦虑的方式产生互动反应，导致紧张关系不断升级。如果你在单位跟某个同事关系特别紧张，那你肯定知道早上爬起来披上衣服出门上班是多么艰难痛苦。下面我们看看焦虑是如何不胫而走的，说说如何避免感染到太多的焦虑，又如何避免把我们的焦虑传给别人。

你传染了谁的焦虑

我的第一份工作就让我深深地感受到了焦虑传播得有多快，身处其中是多么容易卷入这个急转直下的进程。其实我在这份工作中什么也没学到，只感到自己是多么的凄惨、多么的无辜。困苦之中很难保持客观，再说我那个时候还不知道系统理论，把一切反常的行为都当作个人病态——当然是别人的病态。我纠缠于谁对谁错、是真是假，而不是去观察、调整自身应对压力和焦虑的方式。

我的故事脚本如下。

地点：旧金山一家大型心理医院

人物（按职位高低排列）：

帕特尔博士，心理医院主任

怀特博士，首席心理师（归帕特尔博士管），我的心理疗法实习导师

本人，医院心理学实习生

沃尔特女士，高级助理

艾丽斯，帕特尔博士 19 岁的女儿

情节：艾丽斯联系我，说要做心理治疗，我答应了她。

场景 1：周五下午上班时间

上班时间接到艾丽斯电话，她说要到我这儿做心理治疗。我和艾丽斯是一周前在伯克利的一次聚会上认识的。我有时间，所以答应了她。

场景 2：周六下午帕特尔博士家

艾丽斯告诉父亲帕特尔说，她下周要到我这里做心理治疗。她父亲一下子高度紧张起来，这也可以理解，他当然是想让艾丽斯找个经验丰富、资历深厚的治疗师。而且他对我也不是很感兴趣，可能也正是这个原因，艾丽斯当初选了我。

场景3：星期六晚上的电话

帕特尔博士打电话给我的导师怀特博士，生气地质问为什么允许我这样做。然而导师根本不知道这个情况，因为我打算到下周一开会的时候再告诉他。真的，当时我根本没想过给艾丽斯做治疗会是什么大事，因为我有权在营业时间接诊心理咨询者。事实上，艾丽斯选我做她的治疗师，让我受宠若惊，天真地认为怀特博士也会很高兴。

场景4：周一上午上班时间

周一我到医院，在邮箱里看到怀特博士给我的便条，便条是高级助理沃尔特女士打出来的，她就坐在前台。怀特博士写道，我没向他报告就答应给艾丽斯做治疗，对此他感到“很震惊也很失望”。他还特别指出，上周末之前我没跟他商量这事，让他在帕特尔博士面前很没面子。他叫我“即刻”去见他，尽管那天下午本来已经安排了师生见面会。便条的语气是严厉的、警诫式的，让我十分紧张。

场景5：每况愈下，越来越糟

帕特尔博士把焦虑传导给怀特博士，怀特博士又把焦虑传导给了我。因此我还没开始给艾利斯做治疗，围绕这次治疗的气氛就已经变得紧张压抑了。

这时最明智的做法是给艾丽斯打个电话，告诉她是我弄错了，我不能给她做治疗。这样的话，她本可以在父亲的医院之外找到更好的治疗师。但我没来得及这样做，怀特博士就通知我说，他和帕特尔博士决定，允许我给艾丽斯做治疗，但他本人会密切监督我的工作。

他真是这样做的，接下来发生的事是一种强势对弱势的互动之舞，对我是巨大的痛苦折磨。怀特博士对我给艾丽斯开展的治疗进行“微观干预”，严密监控，对我的其他工作却不闻不问，完全无视。我是个实习生，刚刚从事心理治疗工作，本来就很紧张，在怀特博士的严密监控之下，就更难放得开了。因此在对艾丽斯的治疗中，我越来越感到难以施展自己的潜力，不能发挥自己的本能和创造性。我时刻担心对她说错话，但本来应该坦然地把错误当作学习的机会。每次见艾丽斯，我都能感受到怀特博士严厉的存在，我敢肯定，怀特博士也感到帕特尔博士在背后盯着他。

治疗进行了几个月之后，我竟然有一次忘了去见艾丽斯。她坐在父亲医院的候诊室里，等了半天不见我的踪影。这是我第一次在心理治疗工作中爽约，很明显是我紧张焦虑的情绪（也包括压制的怒气）导致了这次失约。更糟糕的是，我忘了把每周的工作安排给沃尔特女士（我们本来是每个星期都要交的），所以她根本不知道该去哪里找我。

因此她打电话给怀特博士，向他报告说，艾丽斯跟我有预约，而我擅离职守——这样她也卷入了纠纷之中。她还补充说，我没填安排表，所以找不到我，而且提到我经常忘记周一给她完整的工作安排表。我的确没交安排表，但是沃尔特女士也从来没有直接跟我提过这个问题。怀特博士立马采取强力行动：不惜一切代价找到我。

结果整个医院大楼电话铃声四起，但还是不见我踪影。几十年后的今天，我仍清晰地记得自己当时在做什么：我正在街口的餐厅里悠闲地享用烤牛肉三明治。

当我回到医院，看到的是一片慌乱，迎接我的是一堆便条和电话留言，还有所有人谴责的目光。帕特尔博士在大厅和我擦身而过，没打招呼，甚至都没看我一眼。我还没脱下外套就有好几个人过来跟我说，怀特博士到处找我。

场景 6：没有最糟，只有更糟

去怀特博士办公室的路上，我的焦虑发展成了愤怒。这是我第一次工作失约，我也很难过和懊恼，但也不致如此大动干戈，我知道其他实习生甚至高级职员都有忘记赴约的时候。在这疯狂的职场环境中，我怎能正常地工作？我被所有的这一切激怒了，包括助理打给怀特博士的那通煽风点火的电话，这种做法明显不符合正常程序。

我接下来的行为完全不对。走进办公室，我对怀特博士说："对不起我忘了和艾丽斯的约定，但是……"我说现在这个局面是他的错，暗指他必须为我的失约负责，因为他总在旁边虎视眈眈地看着我，我怎么能做好工作？

也许当时我说得要更婉转一些，但是你也想得到，这样说只能让事情更糟糕。我的辩解和指责激起怀特博士更强烈的指责和争辩，他跟我说，连秘书和助理们都说我这个人很难打交道，经常不交工作安排表，这说明我是个"自以为是、自作主张"的人。他还特别强调，他要把我这种恶劣的工作态度写到实习评价中去。这进一步激怒了我，使我后悔不该接这单心理治疗。

我想事情已经够糟糕的了，不可能更糟了，但是我错了，接下来那次治疗，我又迟到了！在约定的时间前五分钟，我接了一个电话，又忘了看时间，唉！无意识的力量真强大！沃尔特知道我在办公室，她本来可以敲敲我的门，小声提醒一下我。但她没这样做，而是径直走到怀特博士办公室，大声报告说：

“艾丽斯在候诊室等了十分钟，哈丽特还在打电话。”怀特博士跑过来重重捶打着我办公室的门，生气地说：“你怎么还不去见艾丽斯？”那段时间，我内心满是焦虑，总是怨天尤人，逃离躲避，在别人背后指指点点，说三道四，就像所有紧张焦虑的人一样。

◎ 事后反思

事后很久，我才理解，剧本中所有角色都有相同的目标，都是想给艾丽斯提供一次好的心理治疗，让自己舒心满意。在各种焦虑的情形中，人们的出发点一般都是好的。就拿我这次事故来说，每个人都想让糟糕的局面变好，但是每个人又以自己应对焦虑的本能模式行事，不自觉地让局面变得更糟糕。

你可能认为在整个事件中有些人更值得同情，有些人没那么值得同情。我在当时只觉得自己很无辜、很可怜、值得同情，其他人都有错。人们很容易把责任推给别人，而不知道观察分析焦虑是如何在体系中传播的，也就不能制订计划，适时调整自我焦虑表现。下面我们按职位的高低，看看以上每个角色可以怎样更有效地管控自身焦虑。

◎ 帕特尔博士

焦虑的传播本可以从源头上堵住，这个源头就是帕特尔博士。他有权指示怀特博士不允许我去见艾丽斯，而如果他愿意让我给她女儿做心理治疗的话，那么周末打电话到怀特博士家提出强烈抗议，是没有任何建设意义的。他可以等到周一平心静气地跟怀特博士说，他担心我经验不足，但是相信怀特博士能够指导我做好女儿的心理治疗。然后他就可以功成身退，安心让我们开展治疗。这么做有助于创造一个心平气和的氛围，最终促使治疗成功。

◎ 怀特博士

怀特博士本可以堵住焦虑的传播，但他把帕特尔博士的焦虑往下传递。周六帕特尔博士打来电话的时候，他本该保持冷静，坚持就事论事。比如他可以说："这事我也不清楚，周一我会问一下哈丽特，我要不要叫她把艾丽斯交给其他治疗师？"

怀特博士周一上午给我留的措辞严厉的便条把整个气氛弄得更僵了。他本来可以等到那天下午我们开常规碰面会的时候跟我谈这件事。到时他可以平静地说："是这样，哈丽特，你的做法完全可以理解，因为咱们没有规定说实习生不能在这儿给咨询者做心理治疗，但是你知道艾丽斯是我们主任的女儿，你本来应该先跟我说一声后再给她答复。"很明显，我更愿意听到这样平静的语气和尊重的口吻，也更有可能接受有建设性的批评。

而且怀特博士也应该控制一下自己在压力之下的各种

强势表现。把我当作问题的焦点，忧心忡忡心急火燎地给我激烈的回应，只能使事情更糟糕。他对我的监督“指导”也过于严密，只看到我的不足，看不到我的能力表现，这都会让事情更糟糕。同样，他对我个人品格的评点（“自以为是、自作主张”）其实是一种高高在上的指责，只会加深焦虑程度。如果他能坚持事实，提出合理期待，整个局面会好得多，比如他可以说：“每周把安排表交给沃尔特是你的职责所在，以后都要这样做。”

◎ 助理沃尔特

助理沃尔特的行为超越了职责范围，使焦虑进一步升级。秘书或助理打电话给实习生的导师报告迟到或失约的情况，不符合正常的程序。她要先把我出现的问题反馈给我，下一步才是去找我的导师。但不管是艾丽斯在候诊室等我的情况，还是我没有交工作安排表的问题，她都从未直接跟我说过。

如果我们只在背后说一个人有问题，而不直接向那个人指出他的问题，只会加深紧张程度，加剧潜在的焦虑，使那个有问题的人无法自信地表现自我，发挥自己的潜能，更好地完成工作。

◎ 我在焦虑之舞中的角色

压力之下的所有下意识反应，我在这个事件中几乎都表现出来了。我表现弱势、退缩逃避、指指点点、怪罪他人，这些特征我都具备了。下面让我们详细讨论一下应对焦虑的五种表现模式，以便更好地了解人在压力之下的焦虑模式。

应对焦虑的五种风格模式

◎ 弱势应对

我在家里排行中间，上面有个姐姐，我所处的位置使我行事弱势，即做得不够。不是说只有排行最小的才会变得弱势，而是说幺儿是天然的性格弱势者，正如老大是天然的强势者，压力之下会变成控制欲很强的“恶霸”。

职场上的弱势表现可以有多种形式。比如你可能达不到工作的具体要求，或者完全能胜任工作，但是自我展示得不好，会让别人以为你头脑糊涂、不成熟、不负责任。你可能给人一种低能无助、软弱可欺的印象，让别人把你挤下去，取而代之。你可能工作出色，但在某些具体的方面表现得比较低弱，比如做不好文书工作，赶不上工期，或者不能准时参加某个会议。

排行最小的孩子，在探寻有创造力和有魅力的自由灵魂时，可能会忽视遵循规则和尊重权威的重要性，忽视工作任务具体的细节要求。家庭排行最小者往往对权威持批判态度，自认为自己能做得更好，可一旦被推上领导岗位，却视之如烫手山芋，避之不及。他们乐于把自己工作中的个人情况跟别人分享，却没有花足够时间来检验与他们分享的人的心智成熟度，这也是他们的弱势表现。

我需要控制自己的弱势倾向。想好如何把对艾丽斯的治疗工作做到最好是我的责任所在。达到工作任务的所有要求也是我的责任，这就包括填好每周工作计划表并及时交给助理沃尔特。如果我有资深的从业经历，当时也许就能摆脱这种弱势的行为表现。但是作为一个实习生，我必须做到任何人对我提出的要求，不能把“实际工作能力”当作拒绝做某些我不喜欢做的事的借口。

这就是我的反思，如果不能说是当时的工作经验体会，那可以说是事后的教训。

◎ 教训1：负起责任来

努力达到工作中所有具体要求，之后你才能请求承担特别项目，享受特殊待遇。要严格遵守工作规定，即使很多工作细节要求你会觉得很无聊很烦琐，比如赶各种文书工作的最后期限，午餐之后按时回到岗位，等等。也许这些规定对于你老板或上司来说很重要，所以请照办。

行为弱势者经常被贴上“问题员工”的标签。所以除了努力达到工作要求，你还要小心谨慎，尽量不要在工作场合向别人诉苦，不要谈你的个人问题或者其他敏感信息。慢慢地去了解哪些人成熟、善良、行事谨慎、值得信赖，哪些人刚好相反。

◎ 怪罪他人

对不公待遇愤愤不平时，敢于直率地跟权威人物对话，这一直是我的优点。富有成效地打抱不平与毫无结果的怨怪指责大不相同，后者无济于事，甚至会激化事态。怀特博士当时已有焦虑情绪，我再跟他“直率地对话”，只会使事态更加紧张，而且当时我也没把握好对话的时机和技巧。

我不能怪罪于人，而必须关注自身的问题，必须理性地想想如何降低我们之间的负面对立情绪。比如，我指责怀特博士严密监控我对艾丽斯开展的工作，这种指责就无济于事。我应该对他说：“怀特博士，非常感谢您对我工作的指导，但是我感觉好像因此忽视了其他心理求助者。”（实际情况确实是这样的。）或者“我要用这次指导学习的机会谈谈查尔斯，现在我对他的心理治疗没有进展，我想听听您的意见。”这样的话，我就委婉地表达了对他工作能力的尊重，就不会被视作只会抱怨事态、怪罪他人的“问题员工”。

同样，我本可以找到一些圆滑的外交手法，委婉地向他表达我在监控之下接待“大客户”的焦虑心情，而不是暗暗指责他必须为我的糟糕情绪和表现负责。比如我可以说：“怀特博士，非常感谢您对我工作的指导，但是您这样亲临指导也让我很紧张，因为我总感觉旁边有人监视我，您有没有什么建议让我摆脱这种焦虑，或者怎么样更密切地合作来帮助艾丽斯呢？”

◎ 教训2：从头至尾想明白

怪罪他人是面对焦虑的下意识反应。你太计较别人对你的态度，过度聚焦于别人对你做了什么或者没帮你做什么，而忽视了自身的问题，不去想可以创造性地改变自己在问题中的角色。此时，你丧失了看到问题两面性甚至多面性的能力。

你大发脾气也许完全合情合理，但正如我的好友玛丽安·阿尔特－里克所言，“对方表现得像个大蠢蛋的时候，正是要你展现出最成熟稳重一面的时候。”高度焦虑之时，维持稳重的策略极为重要，比自发地激烈应对好多了。一个组织处于压力之下时，每个人都有可能被贴上“问题员工”的标签，所以，请不要抱怨，不要怪罪他人，不要举起你的小手，主动让别人贴上这个不雅的标签。

虽然直率交流、讲清问题总是个很好的举措，可是人们常把鲁莽地指责他人误以为是诚实直率的行为。怨天尤人是毁掉你职业生涯和事业发展的最简单途径。多少人明知这样做不会带来任何好处，但仍然会怪罪他人，人数统计出来一定很吓人。最好的员工和最好的老板都不会怨天尤人，他们只会跟人讨论已发生的事实情况。

如果你情绪激动或者十分生气，不要急，花点儿时间让自己平静下来，然后想想你想达到什么样的目标，想想如何清楚地表达自己不同的观点，同时又不让别人觉得自己是在发牢骚或自我辩解。

◎ 躲避

焦虑来袭，我们都会避免与自己觉得难相处的人打交道。到了很不自在的程度时，我会对自己说："怀特博士真是不可理喻，我就待在自己办公室，关门上锁，不想见到他，只在每周的指导会时去见他，不到万不得已不跟他说话。"心里还在想："沃尔特和其他助理都在背后说我，我得躲着她们。"以及"帕特尔博士应该不要管这次治疗过程，我不想见到他那张臭脸。"

那这样想有什么错呢？正如我的一位家庭心理治疗师朋友所言，"感谢上帝让我们可以保持距离，斩断联系！"当人际关系导致了无法控制的情绪，带来了难以言表的痛苦时，我们真的急需自我保护，而退缩躲避的确能减轻焦虑，缓解压力。我们产生退缩躲避反应，与激起强硬回击的反应一样，有其实实在在的理由。

但是问题就在这里：如果你不露面，其他人对你的误解只会加深。你越是躲避工作单位里的人，就越会成为别人误解指责和闲言碎语的对象。有工作接触就难免产生些许紧张关系，回避这种暂时的短期的紧张，必然会造成潜伏于内心深处的长期的焦虑。

◎ 教训3：要走出去，不要躲起来

多参加单位大型活动、办公室聚会、围坐着喝咖啡的非正式聚会。真诚地看着对方的眼睛，微笑着打招呼。学会幽默、开开玩笑、拉拉家常，这些可以缓解与不太好说话的人交谈时的紧张气氛。试着走向那个对你批评得最厉害的人，向他表示一下你对他工作想法的兴趣，充分肯定那些你认为难对付的人所具有的优秀品质。

暂时的回避是没有错的，在你需要冷静、思考、制订计划的时候，暂时回避尤为重要。但是不能使其变为固化的心理趋势。另外，如果你在平时没有情绪的时候不保持正常的交往联系，不参与轻松的寒暄说笑，那么当你和他人争论某个意见有分歧的问题时，就没有人会听你的观点主张。

• • •

心理躲避是各种躲避反应中的一种。你可能人在那里，但心不在场，不能表达自己对某个重要议题的真实想法。你闭口缄默，是因为你不想掀起风浪，不想发表批评意见，以免招致他人憎恨。或者也许你就是不想说话，放弃自由表达的权利。你可能人坐在会议室，心却在隐秘的幻想之中。或

许你有所关注，但不想真正地投入其中。

心理躲避不是我的自然反应，或者说，至少不是我的第一道心理防线。焦虑的时候，我不会回避问题，相反，我往往会讲得太多，争论得太激烈。但是我曾经在心理躲避很盛行的氛围中工作，我知道其结果是单调平庸、枯燥无聊。心理躲避盛行的体系有以下标志——死气沉沉、回避远离、疲乏倦怠、“筋疲力尽”、丧失天性、缺乏创造、缺乏活力。这个体系中，沉默和隐秘占了主导，焦虑情绪的控制主要靠心理躲避。

◎ 教训4：保持在场，直率坦诚

并不是说碰到一丁点儿烦恼都要跟别人讲。我每次面对工作中的不公，都条件反射似的愤愤不平，这实际无助于事情的发展。自主选择你的战场，放过其他的一些事，不多线作战，这才是成熟的表现。如果某件事对你而言十分重要，那你选择它作为主攻方向，你必须提出清晰的问题，清楚地表达自己的观点想法，明确并坚持立场。任何试图大大改变组织机构现状的人都有可能被视为“问题员工”，因此选择你的战场，确定你的主攻方向，尤为重要。

◎ 说闲话！说闲话！说闲话！

什么叫“闲话”？在背后说道某个人，而不是当着他的面指出他的问题，这就是说他的闲话。两人走得近，排斥挤兑被“闲话”的一方，忧心忡忡地批判他。在任何系统中，背后说闲话和流言蜚语的严重程度都可以直接反映体系内部焦虑的发展程度。

与怀特博士关系紧张时，我就四处说他的闲话！比如，为了博取一个年轻有为的精神科医师的同情，我就说怀特博士的坏话，说他如何难对付，简直不可理喻。我把他描述为“一只可恶的小雪貂”，以他灵敏的嗅觉，急切地挑剔我的不足。开始的时候她还挺同情我的遭遇。但是怀特博士也是她的顶头上司，她当然必须和他维持良好的关系，不久她成了怀特博士的“得意门生”，也就渐渐地疏远了我。是我促成了这个三角关系，但我却成了这个三角关系中的边缘者，反而加深了我的焦虑。

让第三方卷入你们的矛盾关系中，这种做法有没有有益的时候？当然有。比如我跟怀特博士有矛盾，如果能找到一个头脑清醒、聪明智慧的人告诉我如何更好地处理与怀特博士的关系，那当然对缓和我们的关系很有帮助。但是有这种想法需要清醒的头脑，聚焦自身的问题，但是我没有，所以当时我想找的并不是有益的指导，而是同情我的盟友——当然这也是人之常情。所以那时我抓住任何可能会同情我的人不放。

焦虑程度越高，我越有冲动，想拦住任何人强行跟他诉苦："我跟你说啊，那只雪貂别提有多烦人了！"这样的诉苦对丈夫或闺蜜也许是没有问题的，但是对职场上的其他人讲怀特博士，特别是对那个年轻的精神病医师讲，却是很不明智的，因为她要在工作中与怀特博士打交道，需要与他维持良好关系。说闲话的黄金准则是避免说任何你不想让当事人听到的话。

◎ 教训5：坦率直接，开诚布公

如果你在工作中对某个人有意见，请直接找那个人谈。如果你对老葛很生气，就别把老葛的事跟小苏讲，特别是当小苏必须和老葛保持良好工作关系的时候。充其量说闲话只能短期有效。你在大厅过道上拦下小苏，大讲老葛的不是，她对你表示赞同，你的焦虑也许会有所缓解。以这种方式把你的怒气释放出去，有助于你平静下来，更好地处理与老葛的矛盾。我们经常会有这种短暂的抱怨，有时候也不会造成严重的后果。

当然最好能这样说："苏，我跟老葛有点小矛盾，你有没有什么建议让我跟他处得愉快些？"如果你养成了背后闲言碎语的习惯，总有一天会自食其果。如果你总是对老葛发表负面看法，小苏可能会疏远老葛，对他产生排斥心理。如果老葛有弱势行为倾向，成为闲言碎语的对象会使他更难发挥自己的潜能。如果小苏尊重或欣赏老葛，那她就会疏远你。背后闲言碎语是拉帮结派的表现，造成“自己人”“外人”的分界，这就使得协调各方解决问题变得更加困难，也不能让大家都感到作为团体的一分子，有自信和有能力地解决问题。

◎ 过于强势

过于强势（也就是做得太多、做得太过）也有多种表现形式。过于强势是家中老大的天然心理趋势，他们不仅认为自己的选择是宇宙中最正确的，而且也常常试图替别人做选择。怀特博士就很明显地表现出这种强势心理，他严密监督我的工作，完全不顾我的感受，根本不知道他的监视只会加重我的焦虑。

在我的第一份工作中，过于强势的心理是我所没有的。然而，我在梅宁格诊所工作了很长时间，期间我也有表现过于强势的时候。我过于强势时有一个特别的很“幼稚”的做法，那就是表现得好像自己掌握了宇宙真理，急切地想说服同事，要他们明白他们的行为是错误的，是他们被误导了。任何热点议题我都是主辩手，激烈地表达我的观点，即使周围的人明显受够了我的唠叨，我还是喋喋不休。我有强势的一面（总是试图影响、改变，甚至教训我的同事），也有弱势的一面（老是弄丢办公桌上的表格文件、忘记管理规定），这种强弱的组合使我在上司面前很不讨好。真的，他们跟我说，我是这个机构历史上“人事档案记录最多的心理治疗师”。虽然好友斯蒂芬妮说我的这个历史记录是“闪耀的荣誉勋章”，但是这种性格组合使我成为负面舆论的对象，给我带来的是相当大的痛苦体验。

◎ **教训6：懂得适可而止**

要戒掉过于强势的心理趋势，想想在家中的排行位置如何影响了你的行事风格，也许会有帮助。

如果你是姐姐，下面有个妹妹，你的强势行为可能给你带来专横霸道的恶名。

如果你是大哥，那你更幸运，你的强势行为会让你成为弟弟妹妹眼中的“天然领导者”，他们会觉得你是知道如何“带头”的大哥。（如果你觉得这真是性别歧视，那你说对了。）

如果你是姐姐，下面有个弟弟，那你不会得罪人。但是你以平易近人、讲究分寸的方式承担领导责任，他人可能忽视你的能力和贡献。

如果你排行中间，那你可能被视为“有团队协作精神的人”。你过于强势的表现可能是承担额外的工作任务和工作职责，而忽视了自己的事业发展目标，甚至一开始就没有一个发展目标。

如果你是排行中间的女儿，上有哥哥，下有弟弟，你可能特别有责任心，特别能照顾他人的感受，同时很不喜欢闹矛盾。对别人的失职无能，你也特别宽容，强势积极地帮别人收拾残局。

排行最小者，正如我前面说的，也会表现强势，他们强势的时候表现得像一个无所不知的大佬，但是特别在意被别人理解、欣赏、接纳，而对承担领导责任不怎么感兴趣。

当然，不管你在家中排行什么位置，在同一个工作环境中，你都可能有上面五种模式中的任何一种表现或几种表现，甚至可能出现在同一天。所有这些风格模式都是压力之下驾驭人际关系的普通正常的方式。焦虑程度越高，我们越有可能“过度使用”这些行为表现，这就导致更为焦虑的反应。所以我们要做的是让自己平静下来，保持清晰的头脑，适时修正在压力之下驾驭人际关系的方式。

系统思维

我的职场大剧刚拉开帷幕的时候（现在回头看仍心有余悸），我还不知道如何进行“系统思维”。从系统观理解焦虑，你要记住以下几点：

1. 焦虑是人类社会体系的特性之一，并不是只存在于构成人类社会的个体之中。

2. 组织体系中的每个人都与体系中其他任何一个人相关联，也就是说，体系中的所有个体都是相互联系的。这就意味着你随时都在应对其他人处理自身焦虑的方式，其他人也随时在应对你处理自己焦虑的方式。

3. 焦虑不太可能只停留在一两个个体之中，它会快速穿越整个体系，每到一处都在蓄积力量。

4. 焦虑具有传染性。紧张压力反应只会产生更大的紧张压力。

5. 冷静也可以传递。因此，没有什么比控制你紧张焦虑的外在反应更重要的了。

在一个焦虑体系中，总会有人把自己的焦虑情绪倾倒到你身上，这是个自然的进程，不是某个人的邪恶计划。请记住，怪罪他人、说人闲话、远离逃避、过于强势、过于弱势等这些表现都只是焦虑正常的外在反映。当你学会分辨体系焦虑的征兆时，就不会把一些事情看得太重，就会开始观察人们处理焦虑的自然风格——包括你自己处理焦虑的方式。如果你能从焦虑体系的角度思考问题，那你就会发现焦虑能使可亲可爱的人做出令人憎恶的事。或者像杰夫瑞 · 米勒在《紧张焦虑的组织》一书的精华中所言，“紧张焦虑的气氛使智慧的组织做愚蠢的事情。”

我们面对的挑战总是如何观察、思考、调整你在痛苦关系僵局中的角色。焦虑体系中你唯一能改变的部分是你自己对焦虑的反应。你可以学着让他人的焦虑从你身边飘然而过，不把你所承受的焦虑传递给他人。如果在所处的体系中较少地传递紧张气氛，那我们就不只是朝平息事态的方向迈进了一步。而且我们所做的也是这个世界迫切需要的：创造一个更平和、更开放的人类居所。

你把什么样的焦虑带到了职场上

职场是个焦虑体系，会把紧张的气氛传递给你。同样，你也会把个人的焦虑带到职场上。首先，你面临着眼前的生活压力。如果你的房子刚被水淹了，女儿又发高烧了，你赶去上班，你身处的单位就不会是一个平静的地方。

其次，还有源自过去生活的让你情绪激动的各种问题，其中包括你在原来家庭中的地位问题。成功与失败对你有何意义？你父母的希望、恐惧、期待、奋斗、工作经历和未达成的心愿，以上这些如何影响了你对成败得失的焦虑心情？你可能来自一个注重荣耀和光环的家庭，或者刚好相反，你的父母可能看不起“长着一颗自负的大脑袋”的人，认为你给家族带来的“荣耀”是哗众取宠的行为。你可能对不被认可感到特别苦恼，或者你可能更喜欢默默无闻，担心自己显露才华会得罪别人。

你也会有一些特定的情绪触发剂可能在工作中被激活，这些情绪触发剂源自你的家庭成长经历。比如，过去的经历可能使你对他人的冷漠、排斥、生气、指责等反应特别强烈。也许你的情绪触发剂就是被人嘲笑的念头。你不一定要进行心理治疗，把过去所有的经历都翻检一遍来找到诱发你职场焦虑的因素。但是你真的要学会如何观察你和他人应对焦虑的五种模式。压力大时，你会转而依靠这五种模式中的一种或几种，而你身边的人也会这样对你。

重要的是，你要相信，没有某份工作你也能活下去。如果有必要的话，你必须随时准备离开。很多人觉得没了眼下的工作就活不下去，但是不得已离职后，大多数人还是找到了生存之道，甚至获得了他们以前想都想不到的新机会和新选择。如果你总是认为没了这份工作就活不下去，你就不能真正地按自己的原则行事，表达自己真实的想法和感受，不能坚持清晰的底线。你就很容易焦虑、抑郁，容易患上一系列心理压力导致的身体疾病——这些都是孤立无助的外在表现。相反，如果你坚信失去了眼前这份工作最终也能生存下去，那么你将获得巨大的生存力量。

附言：不要把职场等同于家庭

大多数情况下，职场体系与家庭体系有几乎相同的运作方式。了解了这一点，你还要记住：不要把职场等同于家庭，两者有一个意义重大的差别。你成长的家庭环境也许特别糟糕，但是面对经济困难，绝大多数情况下，你的家人不会把你流放街头，让你自谋出路。父母不太可能在孩子的书桌上放张便条，通知他说："你在我们这里已经十年了，十年里你一直是家庭忠实的一分子，但是现在家里没钱了，所以我们要结束与你的关系，请在今天下午三点前清理自己的个人财物，搬离本家庭，祝你前程似锦。"这是职场体系的规则。

有时工作单位会假装是个大家庭。如果一个企业在经济上繁荣成长，不担心生存问题，那么它可能会十分注重你的职业发展目标和工作满意程度。在经济资源丰富、发展前景良好的时候，我所在的单位声称自己是个"大家庭"。但是一个家庭心理医生提醒我，任何组织都会像人一样有个生老病死的过程。当一个组织的生存焦虑高企之时，你会发现自己在其中是多么微不足道，可以被弃之不顾。这时，"工作大家庭"对你漠不关心、麻木不仁、忘恩负义的程度，可以让你瞠目结舌。

我这么说，不是要打击你工作的信心，而是鼓励你保持现实一点儿的期待，给自己留更多的选择余地。任何工作机构都要首先保证自身的经济生存；与家庭不一样，它的存在不是为了保证你的健康，呵护你的成长，给你亲密的环境，让你快乐地生活。当然，如果它能做到这一些，那就再好不过了。但是工作是工作，家庭是家庭，不要把两者混为一谈——这样想，你也少了一件让自己紧张忧虑的事。

第8章

羞耻的隐秘力量

也许我们惧怕的是茶余饭后的聊天，但是隐现其背后的可能是我们对自己都隐瞒的秘密。举个例子，一位女士在第一次治疗时告诉我说，她害怕在众人面前讲话，而她从事的工作却要求她经常发表演讲。而且她也害怕出差，害怕承担新任务。她花了好一阵子才发现，驱使她害怕和恐惧的根源是一种羞耻感——觉得自己本质上低人一等、荒唐可笑、虚伪低劣，觉得置身于陌生的环境时，自己真实的一面就会暴露在别人眼前。

我们不会公开谈论羞耻之事，因为我们羞于启齿。我婆婆凯斯琳对我说，有个晚上家人坐在一起，她对大家提出一个问题："如果你走出这个房间，留在房间里的人能说你最坏的坏话是什么？什么话让你听到最受伤？"她这个尖锐的问题让我吃惊，因为在我看来，这就是请人在众人面前暴露自己的羞耻。

每个人都给了一个答案（比如"我最怕你们说我很无趣"），但是我很怀疑这些回答是不是真心话。我们最真实又最不愿说出来的一面是我们的羞耻之事。大多数人甚至会对我婆婆提出的问题心存抵触。

• • •

羞耻是深深瓦解我们自尊的情绪，没人愿意谈及羞耻之事。你什么时候直率地谈过自身羞耻之事？就其本质而言，羞耻就是让我们隐藏自己。就算是他人的羞耻，也会让我们转移视线，避而不谈。

羞耻是一种持久的召唤，要我们不说话、不做事、不露面。我们身心的一部分是有缺陷的，我们不想让别人看到缺陷的一面。这个缺陷可能是我们外在的身体的一部分：臀部、大腿、私处、双脚、腹部、胸部、肤色，等等；也可能是内在的部分：无能、软弱、吵闹、渴求光环荣耀、万众瞩目的虚荣。

羞耻驱使人们时刻担心做得不够好。你可能随时携带着羞耻，但只偶尔在短暂的片刻意识到它的存在。你可以学着感受羞耻的真实存在，例如你的体型、你的口音、你的经济状况、你的皱纹、你的个子、你的病痛、你的不孕不育、你每天浪费的光阴，这些都是可以让你感到羞耻的真实存在。

◎ 什么是羞耻

想想最近一次你感到羞耻的时候，你实际体验到的是什么？也许你稍稍脸红，低眉垂眼，回避他人的注视；也许你想逃离现场，想把自己洗刷干净。要准确描述羞耻的感觉真不容易，因为这种特别的情绪不像一阵恐惧或一波焦虑，它没给我们发出清晰可感、明确无误的身体内部信号。

对于很多人来说，羞耻具有梦魇的特质，充满了曝光的恐惧。我的好友艾米丽这样说：

> 仿佛你在世间行走游荡，突然间，天啊！你丑陋的一面暴露于大庭广众之下，让你如此痛苦难堪。仿佛有一个本质性的缺陷，突然间你再也无法隐藏。这种感觉撕心裂肺，有一种恶心的中毒的感觉。

朋友对羞耻感的描述，恐怕是我听过的最贴切的了。羞耻首先是一种“社交情绪”，也就是说，你要在特定的人面前才会有这种感受。我们独处之时也可能会感到羞耻，但那也是因为在我们面前有一群我们自己幻想出来的观众，用厌恶、指责或怜悯的眼神盯着我们。

羞耻使我们孤独，使我们与周围的人分离，剥离了我们共通的人性。我们可以加入集体共同的愤怒、悲伤、恐惧中，从团结中获取力量，但是没有人会加入“集体的羞耻”之中。羞耻使我们向内收缩，把自己包裹起来，退避躲藏。如心理学家朱迪思·乔丹所言，羞耻把我们从人类交流网络中移除出来。

◎ 羞耻与尴尬

最近和朋友一起喝咖啡聊天，聊起我们各自最尴尬的时刻。我讲的故事是，在堪萨斯州劳伦斯市，我和丈夫在街上散步，一条内裤从我牛仔裤一只裤管里掉出来，落到人来人往的大街上。我当时的尴尬选择是，我是回头从人行道上把它捡起来呢？还是若无其事地继续往前走，假装这是别人的内裤，空投到了马萨诸塞大街上？

同样的事故，我出现了两次，因为我经常一次性地把牛仔裤和内裤同时脱下来，第二天穿裤子的时候没注意到前一天脱下的内裤留在了牛仔裤裤管里。藏在里面的内裤就会慢慢地溜出来，最后重见天日。出现这种情况，我就感到很尴尬，但并不感到羞耻，两者有什么区别？

尴尬与羞耻都属于“社交情绪”，都与我们如何看待自己在人前的形象和表现有关，但就严重程度而言，尴尬要比羞耻轻微很多。我们不会把尴尬的事归咎于自身人格的本质缺陷。就拿那条让我尴尬的内裤来说，我的态度是：没错，我也不想在大街上看到自己的内裤掉出来，但这也不是什么大事。任何像我一样心急火燎地脱衣服的人都有可能发生这样的事。也许我是个笨手笨脚的人，也许我就是我知道的手脚最笨的人了，但是我们每个人都有点小毛病，对不对？我知道生活会以各种事故不断提醒我们：我们都是有缺陷、不完美的凡人，这些事故要比内裤从裤管里掉出来严重得多。过不了多久，这样的小事故就会变成我们茶余饭后的玩笑，就像我和朋友喝咖啡的时候尽情地笑话自己最尴尬的时刻。

但是如果同样的事故对你有不同的意义，又会怎么样呢？如果我因为看到大街上的内裤而感到痛苦难堪，触了电似地立马躲开，那又作何解释呢？我可能会对自己说：“没人会做这么愚蠢倒霉的事，我这是怎么了？”同时感到自己的人格名誉遭到了可怕的、深深的玷污。这时，我感到的就是羞耻。

◎ 羞耻与内疚

你可以同时既感到内疚又感到羞耻。一位朋友跟我讲，她小时候常因自慰感到内疚自责，被她母亲撞见又感到羞愧难当。“我知道你在干什么，”她母亲阴着脸说，“以后别这样了。”朋友还感到恐惧，因为她是纯洁的天主教女孩，手淫会让她永世不得翻身。

或许你的人生中也有这样的时候，内疚与羞耻融为一体。但是羞耻感与内疚负罪感是明显不同的感受。内疚自责是我们感到自己的行为在某方面违反了我们做人的核心价值与信仰——当然，前提是我们还有良心本心在起作用。内疚的体验常常与一些特定的行为表现相联系，这些特定的行为是我们不那么引以为荣的，比如辜负了朋友的信任，以说实话的名义伤害了他人，等等。

这里有必要指出，不是所有的内疚自责都是健康无害的。我们的一些“核心价值与信仰”是所处的文化传统灌输给我们的，目的是把我们固定在某个特定的位置上。大多数女性，特别是在她们做了母亲之后，如果没能表现得像一个 24 小时营业的情感服务站，就会感到内疚自责，多数女性都体验过这种折磨人的、毫无意义的负罪感。

但是健康的内疚自责是好事，在我们偏离了诚实正直负责任的做人准则时，可以唤醒我们的良心，规范我们的行为。当我们的冷漠和奚落伤害到别人时，我们就可能受到健康内疚当头一棒。我们会因过错感到内疚自责，这一本能维护了我们的尊严和人格完整，也维持了我们与他人的健康关系。

与负罪感不同，羞耻的感受不是与某个特定的行为相联系，而是与我们在内心深处如何评价自我相关联。感到羞耻是因为我们觉得自己太丑、太笨、太胖、太穷、心理有病、太无能、不配获得某人的爱，甚至觉得自己活在世上就是占用地球空间，浪费氧气资源。羞耻感使我们固执地认为，如果让人知道了我们可怜悲催的一面，我们就不可能获得他们的尊敬和爱戴。海伦·布洛克·刘易斯可能是第一位给予“羞耻”应有评价的心理学家，他做了这个重要区分：内疚是关于某种“行为”的，羞耻是关于某种“状态”的。

第 99 中学的“奴隶贸易”

我最糟糕的一次羞耻经历发生在布鲁克林第 99 中学 5 年级。学校在每个班举办一次“奴隶贸易”，为美国红十字会募集善款。这个活动的名字听起来很糟糕吧？可以向你保证，比你想象的还要糟糕。

在这个为期两天的善款募集活动中，第一天让男孩子站到教室前面，按姓名字母顺序一一排好队，作为“奴隶”竞价拍卖给女孩子们，每个男生从1美元起价开始往上拍。我攒了几个月的零花钱，就想拍到一个叫唐尼的男生，因为我对他特别着迷。我成功地拍下了他，他就要当我一天的“奴隶”，做我吩咐他做的事。我命令他帮我削铅笔，到柜子里拿衣服，帮我背书包回家，高兴得上天了。

第二天轮到女孩子们站到教室前面拍卖给男生。我的女同学们都很快地被“卖”出去了，但是轮到我的时候，1美元的起步价都没有“买家”。教室里一片寂静，在我看来近乎地狱的永恒，老师不得不打破沉默问大家：

“哈丽特，50美分，有没有人要？”

还是一片沉默。

“25美分，25美分有人要吗？”

寂静中丝丝窃笑。

我垂头盯着鞋子，恨不得找个地缝钻进去。

“10美分怎么样？”老师近乎恳求地说。

然后，更严肃地说：“好啦，男孩子们！才10美分，10美分都没人要吗？”

没有回应。

“还有，提醒大家，一个男生可以拥有不止一个奴隶哦！”

出于好心和怜悯，或者只是感到不自在，唐尼举起了手。“我出 5 美分，”他低声说道。后来他跟我说：“算了，你可以不做我的奴隶。”

站在“奴隶市场”上，在同班同学无情的注视之下，我的脸上火辣辣的，那种羞耻焦虑的感觉，我永远也忘不了。我瘦如竹竿，老旧过时的格子套衫特别刺眼，松松垮垮地垂吊在我身上。套衫是我妈在二手店买的便宜货，还大了好几号。我妈总是说我是“均码”的——这一点我从不置疑。实际上，她总是给我买大几号的衣服修短边给我穿，接下来几年每年加长一点。站在我的同学“买家”面前，我觉得自己不单是难看，简直就是丑陋、古怪，与被人看中相距几光年。

很容易理解，羞耻会引发焦虑，导致社交障碍。如果我得了厌学症，谁能怪我呢？第二天我就不敢去上学了，我求妈妈能不能不去上学，她劝我说，没事，去了一定能活着回来。

今天讲这个故事，我感到的是另一种羞耻——耻于竟然有这么可怕的活动公然在校园里展开。且不说这样的活动对“卖”不出去的小孩是一种残忍，就说活动本身，学校怎能如此欠缺考虑地让学生模仿奴隶买卖？黑奴贸易及其后果影响是人类历史上最恐怖黑暗的一面，这不是对人类正义的嘲讽吗？那是 20 世纪 50 年代的纽约布鲁克林，不是 19 世纪的亚拉巴马州塞尔玛。那时学校周边的许多进步家庭，包括我的家人，都在努力争取种族平等，反对种族歧视。你可以想象，这对当时我们班上唯一的一个非洲裔男生会是什么样的心理体验。对他来说，哪种结果会更糟糕呢？——是无人问津，还是被买下来当“黑奴”？

二手羞耻

大多数时候，我们的羞耻源于想象中的自身的缺陷。但是你可能从以往的经历中知道，有时候你也会为其他人的某些特征、性质、表现感到羞耻，特别是你的家人，你觉得他们的缺陷反映了你的问题，让你在人前不那么好看。让我们一起看看“二手羞耻”的能量，看看它是怎么起作用的。

◎ 宝拉的故事

宝拉 16 岁的儿子克里夫烧毁了一栋小房子，之后不久宝拉就来找我做治疗。克里夫并非有意纵火，用他自己的话来说，他“只是到处瞎混”，只因一时鲁莽冲动，不小心造成了火灾。这次事故成了当地社区报纸的头版新闻，一时间满城风雨，人们议论纷纷，说这个纵火的家伙真可恶，以后肯定是个废物、恶棍，又说一个年轻的小伙子就这么被恶毒的离婚和破碎的家庭毁掉了。

治疗前期宝拉跟我讲，有一次她和朋友晚上去看电影，碰到一对陌生夫妇。相互介绍之后，他们说起帮孩子报考大学的事。对方妻子转身问宝拉："你有孩子吗？" 宝拉愣住了，低头看地上，声音低得几乎听不见："有一个儿子。"

"感觉自己被玷污了，" 宝拉对我说，"感觉就像儿子的耻辱呕吐到了我身上。" 她对前夫也有这种感觉，在她的描述中，前夫是个一有时间就泡吧的 "恶心人物"。她的这一说法——"呕吐到我身上"，准确地传达了羞耻从外部侵入肺腑的那种感觉。很多时候，确实是这样。以前我们责骂孩子时常说："你让我蒙羞！" 意思就是羞耻落在了我们头上。

◎ 一团乱麻

克里夫纵火烧了民房，人们指责宝拉没有尽到做母亲的责任，这一切都让宝拉深感羞耻。但羞耻并不是宝拉的唯一感受，她还感到愤怒，愤怒克里夫 "瞎混" 乱来，酿成灾祸，让她丢脸。此外，她还对儿子的未来感到恐惧和忧虑，对自己以前教子无方感到内疚自责。最后，她还对那些在她背后指指点点、妄加评判的人感到愤怒，特别是那些社区里的人，说克里夫是 "废物"，好像一次不良行为就能代表他整个人。这一团乱麻似的情绪使她更难着眼于问题的解决，周全细致地思考，冷静地面对儿子的危机。

宝拉对那些以儿子的行为评判她本人的人感到愤怒，这种愤怒是正常健康的反应。小孩子的行为表现不能拿来判断我们有没有做好父母。宝拉必须为自己的行为负责，但她并不能为儿子的行为负责，对儿子的行为，她只能施加影响，不能完全掌控。宝拉本人拼命地加班加点，经济收入来源很少，没有亲戚朋友的关心资助，也缺乏必要的社区帮扶。还有，如何让克里夫克服学习障碍，改变他在学校里吊儿郎当的表现，宝拉也没有获得足够的指导和帮助。即使宝拉有幸处于中产阶级的地位，享有足够的社会权利和经济资源，她也无权控制儿子的行为。

宝拉可以义正词严地驳斥别人的指责，但她控制不住自己内心的自责。毕竟，这个社会告诉她，孩子最后长成什么样子，做母亲的都负有首要责任。身处这个社会文化之中，母亲们会感受到各种羞耻和指责的信号，宝拉当然也无法幸免。

◎ 缓解羞耻的影响

羞耻会带来更多的羞耻。宝拉每次出去都低着头，避免别人的目光。她不想出去，更愿意待在家里。但是她退缩得越厉害，羞耻感就越强。她变得焦虑不安，甚至偏执多疑，毫无根据地怀疑她和克里夫仍然是周围的人闲话的对象。

我觉得现实已经不是这样的情况了，因为闲话来得快去得也快，人们很快就会有新的话题来消遣。但是就像在职场中一样，如果被说闲话的一方躲起来看不到人，人们对他的

“兴趣”反而会增加，因此只会招来更多的闲话。没有面对面的交流，其他人对你的想象和猜疑会漫无边际地满天飞。所以我跟宝拉说，如果她很在意别人的闲话，那就要结束深居简出的生活，走出来多与她认为重要的人交流。如果谈论儿子的事很困难，那就不说它，聊聊最近的电影和天气。只有通过面对面的交流，别人的闲话和我们的羞耻感才会慢慢地消失。

宝拉勇敢地接受了我的挑战。她高昂着头，强迫自己与人接触，进行面对面的交流。对于“最近怎么样”这样的问题，宝拉回答：“还好，你呢？”或者“就这样吧，混呗。”又或者“嗯，你知道的，这段时间不好过。”具体怎么回应看当时的心情，看跟谁说话。

有时宝拉能以幽默缓和气氛。有一次几个妈妈们聚在一起聊天，其中一位妈妈说她女儿学业成绩优秀，还因此上了报纸。宝拉笑了，幽默地说：“如果我儿子又上报纸了的话，那肯定不是因为得了美国优秀学者奖！”大家都跟着笑了，一种理解的释放心情的笑，仿佛在说：“儿女都是我们的冤家。”然后那位拥有天才女儿的妈妈就问宝拉她们母子最近怎么样了。

◎ 有益的自我暗示

宝拉知道她所感到的可怕羞耻是不理性的，也是不应有的。“又不是我放的火，不是我烧毁了房子。”她虽然这样说，但心里仍感觉就是自己造的孽。一次治疗中，宝拉做了这么一个心理暗示：“我不等于我儿子，我儿子也不等于我。”她把这些话写在一张纸上，放到自己的鞋袜柜里，这样她就可以每天早上都看见这些话。为了能让这句话的精髓深入身体和心灵，她整天都重复这一暗示，有时候默念，有时候大声喊出来。

宝拉的自我暗示反映了父母的职责与家长式操控的本质区别。我们对自己的行为负责，我们的行为包括尽最大努力做好父母。子女有事，我们必须在场；需要帮助时，我们必须提供帮助；不论如何，我们不能放弃子女。但是，不要以为只要我们做对事说对话，就可以决定孩子怎么想、怎么做、有什么感受、做什么反应，这是不切实际的幻想，我们真的要放弃。没有人有权这样控制另一个人。

宝拉一点一点缓解了羞耻的影响。她逼迫自己走出来面对大众，她尝试着以从未有过的尊严跟别人交流。她装作若无其事的样子，好像在说：“我没有什么可羞耻的。”外表的伪装渐渐让她在心里越来越深信自己没有什么可耻的事。慢慢地，她敢问其他妈妈们：“你可曾因为孩子而感到怕得要死？”“你可曾祈祷孩子人间蒸发，瞬间消失？”渐渐地，她开始听到其他妈妈抱怨她们的孩子吊儿郎当，难以管教。在朋友间开放、轻松、幽默的氛围中，宝拉渐渐发现她的遭遇也不是那么难以承受。她上了人生关键一课：我们认为只发生在自己身上的最可耻的事往往是最普遍的人类共性。

父与子：梅尔的故事

我们再看一个养儿育女方面出现的“二手羞耻”的例子。宝拉实实在在地为她儿子感到羞耻，而另一个心理求助者梅尔对他的独生子诺亚刚开始的时候只感到担心和恐慌，他的羞耻心藏得更深。

梅尔说儿子诺亚笨拙、“偏胖”，是那种集体运动不太可能选得上的孩子，他补充说道，除此之外，诺亚是个活泼快乐的孩子，在学校也不错，也喜欢和朋友出去玩。所以我就问，在诺亚的体重和体育运动的表现方面，究竟是什么问题让他这么担心？梅尔颇为专业地引述儿童肥胖方面的研究文献，跟我说他担心诺亚未来的健康。更迫切一点儿的问题是，他担心诺亚的体形，加上他体育运动特别差的状况，会使他遭到其他男生无情的嘲笑。梅尔说他最大的恐惧是儿子诺亚会因为肥胖而不合群。

谈论诺亚的过程中，梅尔不太在意地使用了“焦虑”“担忧”“恐惧”等词。但是过了很长一段时间梅尔才承认，他还对儿子的外形感到羞耻。梅尔是一家工程公司的大股东，他跟我说，其他大股东的子女都长得不错。梅尔知道他儿子还不至于肥胖，但说他儿子有太多“软绵绵的脂肪”，语气中带着不加掩饰的厌恶。他说儿子的外形“软绵绵的一团糟”，承认在陌生人面前介绍儿子的时候感到很不自在，甚至有可能的话尽量不让儿子见人。同时，他又为自己的这种羞耻感深深地内疚自责。

◎ 深入观察

我问梅尔能不能回忆起成长过程中感到羞耻的经历？起初，他说不上来。“我长得好看，身形矫健，人缘很好，一点儿都不像诺亚。”他很肯定地说。直到我问起他父亲的情况时，他才回忆起一次深入骨髓的羞耻经历。原来他父亲在他五岁的时候就过世了。

“我是学校里唯一一个死了父亲的小孩。”梅尔开始讲述他的故事，一年级的时候，老师叫孩子们画一幅全家福。老师不知道梅尔的家庭情况，就把梅尔叫到全班同学面前，问为什么他的画里漏掉了他的父亲（看来这个老师也不懂人生）。课间休息的时候一个同学冲梅尔大声叫喊起来：“哈哈！你没爸爸！你没爸爸！”其他人也跟着起哄，此时的梅尔恶毒地希望班上每个人都死了父亲。

梅尔一用上“羞耻”这个字眼，一说起这个经历，就把羞耻描述为他童年挥之不去的阴影。他深深地感到他与其他家庭“正常”的小孩不一样。在他年轻的时候，大概是 20 世纪 60 年代，离婚已经渐渐褪去了污名，但父母的早逝仍是不可触及的话题。“我不知道什么时候什么人会问及我的父亲，不知道什么时候老师会叫我们做父亲节卡片，不知道什么时候学校或教堂会组织父子活动，因为我害怕知道这一切。”

毫无疑问，梅尔绝不是唯一一个因为家庭不完美而感到羞耻的人，很多家庭都没能复制文化传统为我们预设的那个神秘的、画面完美的家庭形象。我敢肯定，在他班上也有很多同学的家庭有各种各样的缺陷和不完美，有一些远比父亲早逝更让人羞耻，只是那时候没人会说其他人家里发生的事。梅尔感到他和他的家庭是“临时的”，而其他人的家庭都是“正常的”。

◎ 珍藏《新闻周刊》

6 月的一天，阳光明媚，梅尔几乎是跳着跑进我办公室，手里拿着《新闻周刊》。他带来的是阿德里安娜·加德拉的一篇文章，文章题目是《活在已故父亲的阴影之中》。梅尔叫我立刻读一下这篇文章，因为他觉得文章写得就是他自己的经历。

在这篇文章中，作者加德拉直入羞耻与孤独的核心，以毫不妥协的直率写道，他父亲 36 岁死于霍奇金淋巴瘤，让她一下子成了“没爹孩子俱乐部”的永久会员，在“癌症”

这个词说出来都是耻辱的前奥普拉时代，她承受了丧父带来的巨大羞耻与无尽孤独。我注意到梅尔在这篇文章中画了很多下划线，其中有一段：

> 我读到“9·11”恐怖袭击中痛失双亲的孩子们齐聚在悼亡营，他们意识到自己并不孤独，我对他们感到些许羡慕和嫉妒。他们做好回忆箱，往里面放入双亲的遗物，辅导人员指导他们做“节日悼念安排表”。他们比我幸运多了，可以很好地为父亲节做准备。

梅尔给自己找到了远方的榜样，就在上帝眼皮底下，也在亿万读者面前，作者勇敢地将自己的羞耻暴露于光天化日之下。“她在我这个阵营，”梅尔跟我说，“她说出了我的感受，丝毫不差。”他好好地把文章折起来，放进钱包里，也许他一直留到了今天。

没有什么可以消除新近的伤痕，也没有什么可以魔法般地治愈早年丧父带来的心理阴影。但是意识到在这个事情上我们并不孤独，有时候能像多萝茜用一桶水让西方坏女巫消失一样，迅速地化解我们的羞耻。消解了羞耻，梅尔找回了自己的声音。之后不久他去了一趟佛罗里达看望母亲，在那里他们多次谈起父亲，谈到家里每个人对他的去世是多么悲痛，也谈到梅尔和母亲现在的心情。

◎ 与诺亚谈心

梅尔担心儿子诺亚“不合群”，不能融入其他孩子的活动中，他的这种担忧说明我们常把子女等同于自己。如果诺亚的体型对他融入群体有影响，那我相信他有社交能力应对这种状况。问题不在儿子诺亚，而在梅尔本人，是他在成长过程中一直感到自己有缺陷，与别人不一样。在那个年代，梅尔和他的家庭没有足够的社会资源来克服丧失亲人的悲痛。

我鼓励梅尔敞开心扉跟诺亚谈一谈他早逝的父亲，谈一谈他经受的羞耻、孤独和异样感。他向诺亚坦白，即使到今天，他仍感到自己因为成长中缺少父爱所以缺乏一些正常人所具备的“特别的知识经验”。以前，在儿子诺亚眼里，父亲是一个“完人”。现在，父亲推心置腹，讲述自己的心理缺陷，诺亚饶有兴趣地倾听着。他们的关系轻松缓和了很多，因为诺亚从谈话中收获了心灵的补药，他看到的是一个平凡真实的父亲，而不是一个理想完美的父亲。孩子要认同近乎完人的父母，就像要认同无能无责任心的父母一样，都是进退两难的选择。

意识到内心隐藏的羞耻，并与儿子谈心，促使梅尔不再把自己残存的缺陷感投射到儿子诺亚身上。他仍然为诺亚的外形感到尴尬，因为我们根深蒂固的审美文化规定了男孩子应该长成的样子：精瘦、结实、硬朗，不能矮胖、软绵、无力。但这只是尴尬而不是羞耻，梅尔习惯了无视它。这不再是由于自身的脆弱感而产生的心理反应。他下决心再也不会在社交场合“隐藏”自己的儿子，相反，他要有意地把儿子介绍给同事和朋友。不管我们试图隐藏什么，它都只会加深我们的羞耻感。梅尔已经受够了躲躲藏藏的感觉，他不想再把这种感觉遗传给儿子。

承认自己隐藏多年的羞耻，梅尔发现他能更自在地谈论体重问题。他找到了新的方式，能把儿子引入谈话中，让他谈对自身体形的看法。以前梅尔隐藏着源自过去的羞耻，他看待体重问题的方式是带着失望和批评的，这样他最终很可能会忍不住羞辱诺亚，或者至少会以焦虑和怨恨结束与儿子的谈话，也有可能他根本就无力开启与儿子的谈话。

是个人的问题，也是社会的问题

隐藏自身或家人重要信息的程度很好地反映了羞耻的程度。虽然隐退和遮掩的意念是极为私密的个人情感，但是羞耻的源头是公众社会和文化传统。梅尔成长于人们耻于公开谈论悲痛的年代，那时候，“正常”的家庭应该是什么样子的，整个社会只有一副狭隘的图景。宝拉感到羞耻是因为她迷信一个文化神话：是母亲“造就”了孩子的行为，所以母亲必须为任何最终的结果负责。你的家耻可能是你的酒鬼父亲、吸毒的母亲、得艾滋病的兄弟、狂躁抑郁症家族病史，或你的移民父母的糟糕英语口音。羞耻的对象、内容和细节可能由于时间地点的不同而不同，但羞耻总有可羞耻之事。

围绕某个特定问题（比如健康、职业、两性、肥胖、生育能力、经济地位等）产生的羞耻，其程度既反映了你在这个问题上的个人状况和你对这个问题的个人看法，也反映了更广的社会文化对这个问题的态度。任何在社会文化中被误解、被耻辱化、污名化的事物，都可能会被某些人接受为个人的羞耻。社会文化中的无知迷信与偏见可能在你最重要的关系中横插一杠，而这对任何一方都是不公平的。当羞耻把一个人或一群人关进沉默隐秘的小黑屋时，它只会产生更多更深的羞耻。

◎ 莉娜的成功经验

有些人就是拒绝缄默不语，拒绝躲躲藏藏，即使遭到文化习俗的羞辱和恐吓，他们也不肯屈服于羞耻。比如我朋友莉娜，她就精彩地将羞耻变为自豪。

莉娜是公开的女同性恋者，对于那些认为她作为女同性恋不应出现在这个世界上的言行，她斥之为灾难性的成见，片刻都无法妥协。因此，她毫无拘束地拥抱她的同性恋人，两人手牵手到处走。超市的保安最近问她结婚了没有，有没有男朋友，她回答说：“没有，但我有女朋友，我们一起生活了五年，我认为我们已经结婚了。”无论感到多么紧张、多么脆弱，她都拒绝缄默或撒谎，不让别人误以为她是异性恋。她知道最大的谎言往往以沉默的方式表达。她也知道，正如诗人艾德里安娜·里奇所言，一个女人说出了事实真相，她就在周围创造了一个空间，容纳更多的事实真相。

莉娜有害怕过吗？当然有，原因很明显。她居住的小区里有几个高中生恶意损坏她的车，工作中有几个人对她冷言怠慢，最糟糕的是，她差一点失去了儿子的监护权。她对偏见和憎恨再熟悉不过了。但是她说，就像黑人民权领袖不会容忍白人的种族主义一样，她也不会接受人们想当然地把她当作“直女”异性恋者。

我对这个世界的“莉娜们”心存感激，她们完完全全毫不妥协地走出来，无论他们面对的问题是作为同性恋的羞耻，还是其他被误解、被污名化的身心特征或人生际遇。曝光是遏制羞耻的强大力量，它能树立自豪，抬升自尊，它开启了健康的良性循环。每一次我们敢于向世界展示真正的自我，都为他人走出他们沉闷的柜子创造了更好的条件。

◎ 真正的挑战

这里讲述莉娜的经历并不是要你冲出去，把自己的事全部讲出来。暴露与自身相关的事实细节很多时候并不明智，也不安全。你要细心思索，全面考虑，选择合适的时候、合适的方式、合适的对象，得体地坦露事实。要讲策略，懂得自我保护，能够预见可能会出现的冷漠或敌意，要考虑在出现这样不友好回应时你能忍受多大的焦虑和羞耻，这一切都大有学问。

在家庭、单位、社区中坦露关于你自身的事实，很明显是痛苦的、冒险的、累人的举动，因为他们并不认可你的事实体验，他们更希望你和像你这样的人在羞耻中保持沉默，逐渐消失。不是每个人都能像莉娜那样勇敢直爽，但是我们每个人都可以注意自己的言行是让人们感觉被欣赏重视，得到理解包容，还是让他们感到被羞辱、被排斥。

想让某类人消失无疑是可怕的想法。有时我们本无意伤害他人，但我们想当然的行为却给别人造成了伤害。有一次坐飞机旅行，我在人群中看到著名长跑运动员吉姆·赖恩，他后来被选为国会议员。我为小儿子本向他要亲笔签名，他爽快地答应了，亲笔写下“致本：奔向耶稣。”我为他想当然地以为我们信基督教感到震惊，但同样让我震惊的是，我竟没能鼓起勇气告诉他我们是犹太人，叫他另外题几个字。他不假思索地觉得人人都跟他一样，这种想当然的假定即刻会勾起人内心的羞耻：我跟别人不一样，我不是“正常的主流”。

创造一个羞耻不占主导的公平世界，我们的努力永无止境。在任何组织体系中，焦虑程度越高，人们对多样性、复杂性和个体性的包容度就越低。如果你生活在恐惧的文化氛围中，你就会想蜷缩在人人都跟你一样的小家庭、小村落中。

年龄之耻

我们都可以行动起来，从小事做起，打破侮辱、羞耻、沉默、隐藏的恶性循环。想想年龄问题，在许多圈子里，触及这个话题，“不要问、不要说”的禁忌仍然盛行。

很早以前女性就耻于变老——毕竟，永葆青春是每个人的愿望。女性实际上受到这样的教育：不要暴露自己的年龄，问到年龄可以开玩笑应付，甚至可以撒谎隐瞒，要把年龄当作一个可耻的小秘密。同事刚向别人介绍完我，突然说：“噢，刚才差点不小心暴露了她的年龄。”还好，听这话的人都没有笑，我深受鼓舞。在这之后不久我就开始不在意地提及我的年龄。如果介绍肤色偏浅的非裔美国人的时候说：“噢，刚才差点不小心暴露了她的种族！”我们会发现此话含义是贬低，而不是玩笑。

有趣的是，许多女人仍然心照不宣地认为，到了一定的年龄，年龄就成了禁忌的话题。我们不能自豪地宣布，甚至不能无愧于心地说“我 52 岁”“我 71 岁”，甚至“我 37 岁”。回避年龄话题就等于延续了这一观念：变老是可耻之事，或者至少是不光彩的事。但仍然有很多人认为，我们最好隐藏我们活过的岁月之数，如果我们支持这一观点，就助长了羞耻，削弱了自身的力量。

要超越羞耻就必须大胆说出来。没错，这会带来负面影响，你可能因此失去那份你想要又适合你的工作，可能有人会对你产生偏见，或者决定放弃与你的约会。但是，下次参加聚会时你不经意地说下个月就满 51 岁了，我向你保证，没人敢指责你、批判你、关你禁闭。

我说起我的年龄，就像跟别人说“我是心理医生，犹太人，已婚，来自堪萨斯”一样稀松平常。写下此行时，我 58 岁，你在读本书时，我就不止 58 岁了，越老越好。我的年龄是一个鉴别性的特征，能让别人在时间和历史中定位我的存在。而且，长大变老是人生的发展方向，是我们所有人生目标所处的位置。

走向老年的旅途中你并不孤独。74 岁生日那天，玛雅·安吉罗在《奥普拉脱口秀》中说，她的两个乳房正在比赛看谁最先下垂到腰间。台下女性观众立刻爆发哄然大笑。这是理解的笑声，观众们喜欢她直白与幽默的融合，因为她的话没有留下任何可羞耻的空间。获得同样效果的还有格洛丽亚·斯泰纳姆的一次主题演讲，演讲中她不经意地提到，她已经到了记不起怎么做蛋糕的年龄。也许你还能想起其他你敬仰的人说过类似的话，比如作家安妮·拉莫特，她的笔调是一种自嘲自贬的幽默，但有鼓舞人心的力量，因为这种幽默将掩藏的东西剥开给大家看，拒绝偷偷地躲在沉默与恐惧中。

一片雪花

我读中学时，学校教室像大多数教室一样，墙上贴满了各种蕴含灵感哲理的标语（比如“明日最好的工作来自今日最努力的学习”）就像很多学校标语一样，都是老套的名言警句，但其中不乏真理。其中一个吸引了我的注意：“一片雪花渺小脆弱，无数雪花凝聚在一起能改变世界！”记得当时深受启发，内心为其传递的前景意义兴奋不已，今日读来仍有此感。凝聚一心之所成大业，令人惊叹！

要战胜羞耻，凝聚团结也是最强大的力量。黑人民权运动、收养制度改革运动、女权运动等，都证明了齐聚力量团结一心的集体行动能解除主流文化给某些特殊群体强加的污名。随着新的积极的意义取代了羞辱的符号，个体开始摒弃羞耻与沉默，换来自豪与自由表达的权利。如果不是经过同性恋权利运动不懈的努力，改变了人们的观念态度，修改了法律，那么莉娜就不会是现在的莉娜。

虽然不是每个人都会选择做一个社会活动家，但是我们每个人都可以做好自己的本分，为他人展示真实的自我创造安全条件。我们可以从日常小事做起，养成尊重、欢迎、开放包容的态度，对待与我们有差异的人。齐聚一心，有很多种方式——可能像雪花的花瓣形状一样多。各种形式的信任支持，不管是有组织的还是临时安排的，集体公开的还是个人私下的，都有助于消解羞耻。

智商 109

下面还有一个故事，讲述了一个女孩如何逃脱羞耻的魔爪，反映了羞耻既有个人属性又有社会属性。伊莲娜来找我之前，“弱智”之耻困扰了她 20 年。12 岁的时候，她父亲的一位即将成为临床心理医生的朋友对她进行了一次智商测试，测试结果先告诉了她父母，后来她也知道了，测试报告上说，她的智商“在普通人智商范围内”——准确的数字是 109。

在向我“吐露心声”（她的原话）之前，伊莲娜默默地承受着“智商 109”之耻。每次学习有困难、工作做不好，她就觉得是平庸的智商阻碍了她。每次获得成功，她都有一种作弊的感觉，生怕哪一天她内在的平庸会被人发现。“109”这个数字困扰着她，就像一个猩红的“A”字[⊖]烙在她的胸前，代表着“平庸”。

⊖ 猩红的“A”字代表“通奸”（adultery），旧时美国犯通奸罪者，会标以猩红的“A”字作为耻辱的记号。此处“平庸”（average）首字母也是“A”。——译者注

大部分人不知道自己的智商数值，许多人有隐秘的担忧，担心自己不如人们想的那么聪明能干，担心最终会被人揭穿。女性往往以男性的标准评判自身的智商，总是以别人会做自己不会做的事情评判自己的能力。比如，伊莲娜就认为她哥哥是个天才数学家，绝对比自己聪明万倍，而她哥哥没发现谈话间有人受到了刺激。伊莲娜认为自己有把握社交互动复杂局面的能力，因此可以当个好老师，但她认为这种能力只是“情商”的范畴，跟智慧能力是两码事。

◎ 知识就是力量

是什么让伊莲娜克服了20多年的数字羞耻？首先她需要信息知识的支持，破除某个数值能反映智慧能力这一迷信。作为一个心理医师，职业生涯中我组织进行过很多智商测试，我可以很肯定地告诉她，测试有助于辨清许多关键的诊断性问题，但是无助于测量“综合智力”。智力包含很多方面，多到我们难以量化，包括交友能力、感知他人情感的能力、洞察力、关爱能力、警觉性、情感生活能力等复杂而不可估价的技能。智力最丰富最关键的方面无法用一个数字衡量，也无法用“智商”这个干瘪的词描述。

我们对智商的理解受限于自身所处的时代，也取决于我们所属的特定社区或部落环境。比如，我从事的职业恰巧让我在主流文化中获得了社会尊重和经济回报。但是几年前，我和几个同事参加科罗拉多野外旅行项目，在这次活动中，我知道了作为活动团队中最无能的成员是什么感受。我毫无户外生存技能，学习这些技能也最慢。野外生火，把装备固定在漂流筏上，在危险中保持冷静，这一切我都有困难。如果同事们可以投票决定放弃一个队员的话，他们一定会首先选我。

几个星期之后，大自然荒野就成了我“真实的世界”。我很清楚，如果每天都生活在这样的世界中，我绝不会认为自己有智慧有能力。假设我生活在另一个历史时期，这个历史时期所看重的技能恰巧是我不具备的，那么我要付出更多努力才能获得一点自我价值，也有可能永远身处自卑无能感之中。我现在参与这个项目，只是暂时地在某个领域感到无能无助，我可以轻松地安慰自己说这方面并不重要。

获得正确的认知能大大地驱散羞耻。对于伊莲娜来说，改变了对智商测试的错误观念，现在她可以放声大笑，笑以前对一个毫无意义的数字竟然耿耿于怀 20 年！慢慢地，她敢于把以前让她羞耻的小秘密公之于众，告诉朋友们她以前的“智商难题”。在她 33 岁生日聚会上，她要好的朋友们送给她一件 T 恤衫，上面印着红色的大字“智商 109”，伊莲娜把它穿在身上参加聚会。她给我看了一张颜色鲜艳的照片，照片上朋友们簇拥在她周围，做着鬼脸，手指着她衬衫上的数字“109”。“这是给你的，”她说，把照片交到我手上，脸上露出调皮的微笑，“你可以把它写在我的病历里。”

The Dance of Fear ••••

第9章

照镜恐惧症

外表带来的焦虑和羞耻

说到焦虑、恐惧、羞耻，身体占据了中心位置——身体外形如何，身体功能如何，身体感受如何，身体受过何种照顾、何种侵犯，发生何种变化，还能持续运转多久，等等。我们每个人都有一个身体，或者更准确地说，我们每个人就是我们自己的身体。讨论恐惧和羞耻无法忽视身体问题，因为身体问题就是我们自身。

当然，的确有些人对身体抱着极为阳光正面的态度。朋友洛兰跟我说："我热爱人的身体，人体很美，是可靠的快乐源泉！"她说的当然是自己的身体，她 30 多岁，是一个身材高挑、精力充沛、体态轻盈、肌肉健美的美女，平时酷爱露营、攀岩、徒步旅行。她身体的运动令我赏心悦目。病痛未曾干扰她旺盛的生命力，她说她的性生活也很好。洛兰还很年轻，也很幸运——至少在她做出上述热情洋溢的宣言时是这样的。

没错，人的身体是无可争议的奇迹。最近在拉斯维加斯观看太阳马戏团杂技表演时，我深刻体会到了这一点。表演真是运动健美人体的精彩展示，身体和精神都被推向了极致。其实我们也可以说，大多数人所拥有的普通的不完美的身体，即使深受病痛和残疾的折磨，以其复杂性和功能性而论，也是奇迹般的存在。

然而身体不一定美丽，也不总是快乐的源泉，而且绝非永远可靠。比洛兰大几十岁的同事说得好："身体真不是灵魂的好居所！"

我们的体形：身体羞耻的寓意

我的书房里粘着一幅漫画，漫画上一个婴儿坐在落地镜前面，心想："这纸尿裤让我的屁股显得这么大！"图上配题："这就开始了。"

身体的羞耻信号不会来得这么早，但是女性特别在意自己的外表。要把自己打扮好的压力无处不在，我们内化了别人发出的让你感到羞耻的信号，最后让我们的敌人在我们的脑袋里建立了根据地。让我们详细探讨一下外表这个话题，讨论我们对自己的外貌是什么感受，别人看我们的外表时，又是什么感受。

◎ 上帝让大象呈灰色

朋友玛丽读初中时，她的家政学老师指导女生班买上课做衣服时要用的布料。她说："孩子们，你们去布料店，要记住这句话，上帝让金丝雀呈金黄色，上帝让大象呈灰色！"

老师继续阐发道，上帝在动物世界中的智慧意味着个子不高的女孩要选择我们鸟类朋友的闪亮多彩的颜色，而个子高大的女孩要记住，上帝让大象呈灰色，所以必须相应地选偏暗的、单一的颜色。

老师的话把高大的女孩比作大象（或者与之相近的块头大的灰色的动物，像河马、犀牛等），教育她们不要吸引别人的注意。她的说法是要人躲入单调平庸之中，是教人羞耻的训导。朋友跟我说，她买衣服的时候仍然会想起这个老师的话。

◎ 骨感马罗尼

羞耻的信号，瘦小的女孩也不能幸免。小时候我一直好吃，却不长肉，所以我“发育不全”，同龄人用当时流行的歌谣嘲笑我：

有个女孩名叫骨感马罗尼
她瘦得就像一根马卡罗尼[㊀]

更让我痛苦的是，大人们对此毫不在意、漠不关心。在我还没有发育时，有一次我正在叔叔公寓的卧室里换泳衣，他突然闯了进来，我赤身裸体，赶忙用手臂护住胸（其实那时我根本没有胸）并大声吼道：“出去！”这样对长辈大吼当然很粗鲁，但当时我很慌张。我叔叔愣在那儿，直接看着我，若无其事地说：“别慌，哈丽特，你没什么看的。”

在我们这个痛恨脂肪的年代，女人都想变瘦，很难想象瘦女孩也会成为羞耻的对象。但这并不鲜见，甚至在成年女性中也有可能。我见过很多女性，吃得好，但就是不长肉，体重严重偏低。瘦小的女性对自身外表十分在意，因为她怕

㊀ “马卡罗尼”（macaroni）是一种意大利空心粉。——译者注

人们认为她有厌食症或者认为她是个节食怪人。在健身房或更衣室的时候，她可能会听到这样的话："你真是皮包骨啊！"或者"我敢打赌你比我的德国牧羊犬还轻！"

这样的话也许并无恶意，但可能让她感到受辱。很多人认为，瘦身是理想，所以就像钱一样，多多益善，越瘦越好。但是任何大幅偏离常规之物和任何造成影响之差异，都有可能成为羞辱的对象。我想起曾经接待过的一位男士，他在普通人面前就像一座高塔。他时不时地被人打趣，比如"上面空气怎么样""上次见面之后，没再长点"。没人觉得他会在意自己的身高和别人的打趣，但是他真的在意，而且为此苦恼。毫无疑问，如果他不是超高而是超矮，大多数人都不会开这样的玩笑。

◎ "滚出来走走，死胖子！"

如果体重超标，那你很容易成为羞辱和嘲笑的对象，这种羞辱和嘲笑对青少年打击最大。而大多数年轻人极度缺乏安全感，总是找人发泄自身的焦虑，这种发泄往往就是羞辱。

但是成年人也常焦虑不安，不是说你毕业了，买了房子，就不会再说羞辱人的话。作家娜塔莉·库茨以其亲身经历告诉我们："肥胖人士至今仍是尖酸刻薄的对象，就跟17世纪的女巫一样。"一次，她停车等红绿灯的时候，在并排的一辆车里，开车的人冲她吼道："滚出来走走，死胖子！"在超市付钱的时候，经常有收银员拿起她要买的食物大声说："你有没有注意到我们有一款低卡路里的？"

库茨以其直白的风格坦率地写出她放弃减肥的生活的决定。她放弃减肥并非盲目乐观或无视肥胖带来的健康威胁，而是因为她很清楚，与体内脂肪的斗争徒劳无功，消耗了太多的精力，她也清楚自己现在所处的位置。她的信条是："他们不会在墓碑上刻上你的体重。"库茨让我特别感兴趣的是，她说所有批评中令人最难受的是朋友善意的提醒——比如，一只精致小手搭在你手臂上，轻声对你说："我希望这么说不会伤你的心，我喜欢你，但是我很担心你的体重。"对于骂我们"死胖子"的路人，我们可以置之不理，反正以后也见不到他，但是对于朋友，我们感到安全，心情放松，毫无防备，因此更容易有遭到遗弃的感觉。

"为什么？"这个问题，库茨觉得深不见底。这个问题不是为什么人们说要做什么，而是为什么人们认为自己的努力一定会有成果。她写道：

> "活了38年从来没注意到自己的富态，这有可能吗？电视上几乎一小时播放一次的肥胖问题报道、减肥研究、肥胖致命危险分析等，我全都鬼使神差地错过了？也许他们认为我太享受肥胖的生活了，

> 根本没注意到肥胖导致的身体细节问题，比如嘎吱作响的关节、隆起突出有碍观瞻的腹部？这些都不是的话，那只有最后一种可能：随意评价胖人的生活方式是不由自主的，就像训诫一个人戒酒、戒烟、戒毒、戒赌一样，根本不用考虑这样做是否合适。

库茨指出，医生很难避免一遍又一遍地讲肥胖的健康风险，她写道："每次看病，医生都会就我的体型教训我一通，后来我跟他们说，我认识的很多胖女士因为怕受医生教训都不敢来看病，导致病情延误，最后想治也治不好了。"

羞耻甚至比恐惧更让人退缩躲藏。当然，医生有责任阐明不良习惯带来的健康风险。但是在阐明风险之后，他们仍然长篇大论，批评教训，近乎威胁恐吓，这就不一样了。很多女性向反映的情况证实了库茨的观察。害怕被医生羞辱甚于害怕看病，讳疾忌医最终延误病情，导致残疾或不治身亡。

麦当劳与赛百味：希拉的故事

希拉起初向我咨询的是工作上的问题，没有提及体重。用她自己的话来说，她是个"超大号的小妞"。她 30 多岁，想在这疯狂减肥的年代证明她硕大的存在。体型方面，她有很多可自豪之处。她体格健壮，硕大的身形赋予她巨大的能量。她乐于挑战成见，在世间占据一席之地，树立自豪的榜样。她的体型吸引了好几个男士争做她的男友。

但是体重也有让她不高兴的时候。她讨厌爬楼时气喘吁吁的样子，糟糕的饮食习惯让她感觉不妙，却又无力改变。她说："我是快餐狂，严重依赖麦当劳的汉堡、奶昔、炸薯条。"她提到，从她上班的地方沿街下去有家赛百味，赛百味是家连锁快餐店，里面的食物也许是更健康的选择。"我想拿个他们的烤鸡三明治，"她跟我说，"但是他们没有路边售卖窗，所以我就放弃了。"她解释道，要她下车，走进店里，拿个三明治，然后回到车上，她觉得很不自在。

希拉呈现了一个复杂的矛盾。她能以自己的青春活力和强大气场霸占整个舞池，点亮整个舞厅。她衣着有品位，回头率极高。在登台演讲、组织筹款等其他人会感到很不自在的场合，她却无所畏惧，游刃有余。但是希拉就是有这么一个小方面的心理脆弱和畏难情绪：她不敢去赛百味，不敢去任何没有路边窗要自行下车进店购买的快餐连锁店，因为在这情境之下，她受不了别人注视的目光。"好几次心情很好的时候，我都想去赛百味买一种三明治，"她跟我说，"但是我坐在车上紧张得动弹不得，只好开到麦当劳拿了一份牛肉汉堡和奶酪。"那个时候麦当劳还没有任何有助减肥的健康菜单。

希拉意识到是羞耻导致了她的焦虑。即使有路边窗消除了她的恐惧，她也无法摆脱羞耻心理。有时在麦当劳路边售卖窗口，接过双份的汉堡和炸薯条，她会抛出这样的话："这份给我小孩。"明知道窗口的服务员根本不关心汉堡是买给谁的，她还是不自主地声明东西不是给自己吃的。

◎ 节食挣美元

希拉高中时开始长胖，打那时起父母就开始关注她的体型和外表。她告诉我，父母无数次地跟她讲，她长着"一张漂亮的脸蛋"，只要能瘦一点，绝对是个大美人。希拉在我这里开始治疗后不久，她父母就提出，每减掉 2 千克就给她 100 美元。"你妈妈和我都担心你的健康，"父亲跟她说，"我们愿意出钱给你这个激励。"他提出在卫生间放个电子秤，旁边挂张表，希拉每次来都称一下，然后记下减了多少，挣了几美元。

正如库茨提醒我们的，羞辱常常被包装成好心的帮助。希拉的第一反应是麻木无感。"这还蛮诱人，"她对父亲说，脸上没表现出任何情绪，"让我考虑一下。"

这个提议是蛮诱人。希拉没有积蓄，经常缺钱。但是她越想父亲的话，越感觉不对劲。几天后我见到她，她就说开始感到这个提议是多么损人、多么让人羞耻。父母管她的体形和减肥，她总觉得过分了点。此时希拉觉得父母越过了界线，让她感觉以后很长一段时间都不想去看他们。

◎ 累积的羞耻

“我的身体难道是他们的吗？”第二次治疗时，希拉这样问道。“我觉得我父母太过分了，不尊重我的个人界线，他们侵入了我的个人空间，身体是我自己的，在卫生间挂个体重表的主意让我很不舒服。”

一件事会联想到其他事。在希拉的记忆中有很多这样的越界入侵，多与身体有关。“我父亲在家里上厕所从不关门，我到 12 岁了，他还打我的光屁股。”比起挨打的疼痛，她感受更深的是脱光屁股所受的羞辱。她有一种强烈的感觉，这样打屁股对她父亲来说沾带了一点性刺激，为此她感到焦虑不安。父亲还毫无顾忌地说她正在发育的身体，评论她女同学的胸，言语中不乏性粗口。她母亲一次也没有站出来阻止过她父亲这种不体面的羞辱性言行。

如果我们以前受到过身体的羞辱和侵犯（不管是否还有记忆），那么我们会对自己的长相和别人的目光感到羞耻，这种羞耻感最为深刻。付钱让希拉减肥的想法，本身就是羞辱，在希拉以前所受的羞辱之上又添了一笔。羞耻是回到童年的快速道，使我们想起早年的一些经历：我们在羞耻和愤怒中哑口无言，我们弱小，无力自保。

◎ 坚定立场

希拉回绝了父母的提议，这一行为代表着她从羞耻向自豪迈出了一大步。应对这一局面时，她表现出了巨大的勇气。一开始她打算发一封邮件说："谢谢，不了，谢谢！"然后隔一段时间让事情冷下来，不理她父母。但是后来她还是决定跟父母面对面地好好谈一谈。

希拉没把事情搞复杂，这是一个好的开始。一天晚上吃完晚餐后她顺路到父母的住处，对他们说："爸，妈，你们说我减肥就给我钱，我想了想，还是算了，我知道你们也是为我好，但这个做法我就是没法接受，所以我决定放弃。"父亲问她为什么，她简单地说："我就是感觉这样不对劲。"语气坚定，毫不妥协。

他质问这个决定有什么道理、是什么"逻辑"。值得赞扬的是，希拉没有大吵大闹，尽力避免争论，因为经验告诉她这样做无济于事。她回答说："爸爸，我真的不知道怎么向你解释，我只能跟你说，你的提议我感觉不对劲，我就是这么一种感觉。"

"你从来都不听我们的建议！"母亲生气地说。

"妈妈，我的饮食和我的体重要用我自己的方式处理。如果我想听你们任何建议和鼓励，我会来找你们。"希拉平静地说，没有指责，没有怨气。

这番话她在治疗期间排练了很多遍，但此时她还是心跳加剧，感觉心都快要跳出来了。

不出所料，她父母反应强烈，说她不成熟、没上进心、忘恩负义。“希拉，你错得太离谱了，”她母亲大声宣布，“你要是自己能处理好这些事，你的体重早就减下来了。”

“我们是来帮你的，”她父亲接过话来，“而你这个样子搞得好像我们是坏人似的，你疯了？”

以强大的意志力，她忍住没有进行强烈的回击。她跳过了经常出现的针锋相对的陷阱，比如对父母争辩自己的观点，大发脾气或愤而离场。她已经做好了心理准备，对父母的可恶指责进行冷处理而不是展开激烈回应，因为她知道，父母的指责只是他们心里高度焦虑的外在表现。

所以，她冷静地说：“我不想伤害你们，我知道你们也不想伤害我。但不管是不是我疯了，我还是觉得你们的提议不好。”

“那你出去吃！”她母亲嘟哝着，这个说法在希拉这里是个有趣的比方。“想干什么就干什么——你什么事都这样。”可以想象，希拉的母亲听到女儿这么强势勇敢的回应，心里肯定特别焦虑，因为她自己从来没敢这样顶撞她丈夫，从来没敢在丈夫面前坚持自己的立场。

她父亲最后说：“你太多心了！有这么慷慨的帮助，是人都会感激不尽的！”

希拉说：“我希望你能尊重我的决定，即使你不同意我的看法。我想要你们的帮助或建议的时候，我会来找你们。你能理解这一点，就是对我最大的帮助。”然后她换了个不那么敏感的话题，问她母亲厨房的百叶窗是在哪儿买的，因为她也想买个类似的，装到自己的公寓里。

◎ 一件事引向另一件事

这次立场坚定的谈话启发了希拉，让她能更勇敢地说出心里话。她以突破极限的勇气，又一次开启了与父亲的谈话，这次谈的是童年受到的侵犯。直面过去的痛苦经历，有时候能帮助我们变羞耻为骄傲。但这个过程要求我们面对恐惧，跨越恐惧。

希拉是在父亲看电视换台的时候说起的这件事。她父亲不太能听别人的建议，但她记得在没有面对面直接目光接触的时候，他会表现得好一些。以前谈话进行顺利的时候，一般都是在开车、洗碗、看电视，或者有其他干扰的时候。因此她挑了一个晚上，晚餐过后，在客厅里，看着电视，她开口说："爸爸，我记得那天我拒绝你给钱让我减肥的要求时，你说我太多心、太敏感了。也许有些人会像你说的，对父母的帮助感激不尽。"

她停了一会儿，深吸了几口气，接着说："我在想，也许我过于敏感跟我以前在家里经历过的痛苦有关。"她父亲眼睛盯着电视说："我不知道你在说什么。"

"爸爸，小时候，你不尊重我的个人空间，"希拉继续说道，"你上厕所不关门，我叫你关门，你都不关。你打我屁股，让我感觉受到了侮辱，你讲我身体发育，又讲我同学的胸，粗俗难听。你的这些言行让我焦虑、愤怒。所以我说请你和妈妈不要管我的体型，让我自己用自己的方式处理，因为我特别需要别人尊重我的个人空间，我对这个特别敏感。”

希拉说话的时候，她父亲一直在换台，一个接一个地换，紧握着遥控器不放，好像这辈子就靠了它似的。他突然转头看着她，吐出这么一句话：“你的想象力真丰富！”希拉还没来得及回话，他就从沙发上站起来，踱出了客厅。希拉看着他的背影，感觉到自己在颤抖。

没有什么举动比小心翼翼地谈过去的伤害更能引起心理焦虑了，在这个过程中要做到真正成熟的自我最为艰难。火冒三丈、“打完就跑”的发泄要容易得多，因为这样的行为只是纯粹的应激反应，双方都不是为了维持相互联系，也不是真正想让对方反思、改变，让双方关系更牢固。如果你反过来责备那个责备你的人，羞辱那个羞辱你的人，那么你会使他脱离与你的联系，因为他不可能冷静地思考你说的话。

随着时间的推移，我在这个过程中给希拉提供了精神支持、方法建议和观点态度，帮助她与父母进行交流。希拉也更多地了解了其他亲人的情况，他们在一些方面也常常无法控制情绪，所以这也许是希拉家庭的一个大问题。每次谈话她都点到为止，她自己最能判断自己能承受多大的焦虑和多强的情绪。

◎ 不要抱太高的期望

希拉选择发声，不再沉默，然而并没有得到她想要的结果，父母的回应并不是她所期待的。心存恐惧时发声，很少能获得你想要的结果。希拉一开始就很清楚，父母不太可能以开放的态度听她讲话，更不可能向她道歉，甚至不会承认她说的是事实，因为他们自己深感羞愧，无法面对。

做错事的人常常把自己包裹在层层借口、理由和否认之中，以回避羞耻的心理体验。他们会把责任推到别人身上，甚至完全否认事实的存在。与负罪感不同，羞耻感令人实在难堪其耻，大多数给他人造成了严重伤害的人都“不想再提这事儿”，因此根本不会去反思他们在伤害家人的过程中所扮演的角色。大部分人会为自己做过的事道歉（这是内疚或负罪感），但很少人会为他们的本来面目道歉（这是羞耻）。

但重要的是，希拉勇敢地说出来了。敢说出来，不是因为她期待着某种“结果”，而是因为她需要重获自己的自尊、自豪和荣誉感。每当我们就一个特别痛苦、沉重的问题说出自己的心里话时，不要想着能获得对方的道歉或承认，我们要放弃任何类似的期待，也不要想着以后会有，因为现在没有，以后也不太可能有。说出真实的感受，维护我们的尊严荣誉和人格完整，我们做人就有了一个坚实的基础。发出我们自己的声音、说出我们心中的事实真相，这才是我们最想听到的声音。

◎ 回到赛百味

跟父母说开这些话之后，希拉就走进了赛百味的大门，你会不会觉得这是个奇迹？一次治疗中，她又哀叹起自己的“麦当劳汉堡瘾”，我决定推她一把。

“你跟父母谈心时表现出来的勇气真了不起，”我跟她说，“你现在可以走下车，走进赛百味了，我保证你做得到。”

“不行，我不行！”她摇头，“我太紧张、太难受了，我会坐在车上，动弹不得。”

“你觉得你能在车上待多久？”我问她，“10 分钟？ 1 小时？整个下午？”

这是个严肃的问题。人们的心理瘫痪只能持续这么长时间，焦虑最终会退去。而且我们现在的问题也不是一个真正的痛彻骨髓的恐惧症，只是一般的畏惧。

希拉还不同意，我继续鞭策她。“就是感到害怕、羞耻、充满恐惧，那又怎么样呢？”我漫不经心地说，“你就去吧，死不了，把它当作一项任务。完成了任务我们再看是怎么回事。”

我给她的指令是：“感受恐惧、羞耻、心理瘫痪，不管怎样，走出来，进去买到那个三明治。”我轻松幽默地激励她，但实际上我的鞭策也是很严厉的。以这种比较生硬的方式指挥命令客户，不是我做心理治疗的惯常风格，特别是针对一个有被侵犯历史的女性。但是直觉告诉我，这招会奏效。

希拉照我说的去做了。第二个星期回来，她跟我说这是最有趣的经历。她把车开到赛百味就直接走了进去，心里没有丝毫抗拒，她给自己点了炸鸡三明治和圆面包，外加生菜和西红柿。“真是奇怪，”她说，“没什么呀，就像到干洗店拿衣服一样，没感到一点儿紧张，不会去想别人看我，没这种感觉。”

“那你觉得从中了解到了什么？”我问，也许这里有重要的心得体会。

希拉停了一会儿，若有所思的样子。最后她开口了。

“我了解到那儿的三明治也不好吃。”她说。然后，过了几分钟，她又说，“也许我要学学自己做饭做菜了。”

◎ 后记

你会不会问希拉后来有没有变瘦？有，瘦了一点儿。她不吃外卖快餐了，开始更小心谨慎地注意自己的饮食。朝健康方向迈出的一步（注意饮食），开启了下一步（运动锻炼）。对于家族成员普遍出现的缺少自我约束自我规范的现象，她也进行了不少反思。对于吃什么的问题，她有了更深刻的思考和更慎重的选择，也从中获得了满足。

面对父母，她找回了自己的声音，敢于直接表达对童年所受侵犯的真实感受，这样希拉作为一个独立的人就站在了一个更坚实的基础之上，这样她也更真切地感到有责任关心和爱护自己的身体。她父母虽然没有道歉，但也不再提起她的体重问题，他们之间的关系也更像成年人与成年人之间的关系。虽然我很多年没见到希拉了，但我相信她仍然是个“超大号的小妞”，正以她的优雅和对人生的大胃口，占据着生活的大舞台。

真正的问题在哪里

有时候我们不喜欢自己的外表，只是因为我们习得的社会意识让我们这样审视自己。各种社会审美价值观通过家庭传导到我们身上，我们将其内化为自身思想意识的一部分。主流文化定义了什么是美（或者至少什么可接受），什么不美。如果我们走运的话，会有一整个社会群体发出强大的声音挑战主流文化的定义（比如，“黑是美”）。当“美”被重新定义之后，从前的羞耻就变成了现在的骄傲。

然而，有时候我们对自己外表的感受，跟我们实际外表如何没多大关系，而是有其他什么东西让我们感到焦虑、不安、苦恼。羞耻与自我憎恨往往聚焦于身体，但焦虑的真正源头被掩盖了。任何时候，当我们对自己身体或外表的这个部分或那个方面过度关注，因此感到焦虑不安时，十有八九都是我们忽视了其他方面的问题，这个问题可能是过去的，也可能是现在的，也许就是我们耻于揭开的秘密。

◎ 罗莉：外表有多重要

再看看罗莉的故事。我在做《新女性杂志》栏目答问专家的时候，她给我写了一封长信。信中她把自己描述为一个“27岁的矮胖女人”“胸部下垂，臀部硕大，相貌平平”。她回避交际场合，多年接受心理治疗，因为她迫切地想找个男人结婚，但紧张焦虑，不敢跟男性约会见面。信中充满了对自己相貌的羞耻和自卑，满纸都是对自己可能一辈子单身的忧虑。她写道：“我的治疗师告诉我，体型偏胖相貌平平的女人一样会结婚生子，不比漂亮的女人困难。但我知道，我是一辈子都嫁不出去了，我的人生孤独凄惨，我接受不了这样的悲惨命运。”

我当然赞同她的治疗师说的话。花一个下午到人来人往的购物中心去看一下，你会发现各种身材、各种体型、各种相貌的女人都有戴着结婚戒指的。没错，的确有些男人对不漂亮、不性感、不符合时下流行审美观的女人看都不看一眼。从某种程度上说，婚姻的确是竞争激烈的。长得漂亮的女人比相貌平常的女人有更多的男性追求者可供选择，这就像更年轻的女人或者更有钱的男人更有市场一样。事实虽如此，但不要忘了，爱情和婚姻的要旨是找到一个你希望能共度一生的人。从这个角度来看，外表就没那么重要了，重要的是成就你爱与被爱能力的其他因素。罗莉的问题是被羞耻扭曲了的自我价值观。

外表值几何？当然，初次见面时外表最为重要，但是在长期的友谊、爱情、婚姻中，外表变得无足轻重。女人的外在美或者外在的不美根本无法决定她以后人际关系的发展。女性的柔情与激情，能否获得亲密关系，能否长期维持深度交往，这一切与她的外在吸引力没有任何关联，至少在我 30 年的心理治疗从业经历中，一次也没有看到过。

◎ 魅力的真实成分

人的外表远非不可变的身体相貌特征所能概括。人的魅力受到人内在的自信、热情、脾气、智慧、个性、精神和风格的深刻影响，另外还有说不清道不明的“气质”，影响着别人对我们的观感。而女性如何看待自己必定会影响到她的外在气质。罗莉对自己持如此消极的态度，必然会影响到别人对她的感受。更为关键的是，罗莉消极的自贬自损对她绝无益处。

罗莉要做的是尽其所有做到最好且不断前进。她对自己的外表感觉如此糟糕，要让她接受并热爱自身是很困难的。然而，持续地过度关注自己的外表，就会使她疏于关注其他重要的问题。当我们在一个问题上焦虑不安、羞耻难堪时，一定是忽视了其他问题。

所以我给罗莉的答复是以下几个艰难的问题：接下来几年想学习什么技能，培养什么能力？工作和职业的目标是什么？做一个好姐妹、好女儿或好姑姑，要有什么价值信仰？在自己所处的社区和工作环境中结识什么样的人？生命中，友谊处于什么位置，有什么重要性？有没有珍视自己的生活，好好照顾自己？想给自己打造一个什么样的家庭？有健康的生活方式吗？什么才能带来真正的幸福快乐？能做一个对社会有用的人吗？对别人有帮助吗？——帮助他人也许是自我沉郁的最佳解药。

如果罗莉仍然放不下她错误的想法，仍然认为外表是她的问题所在，婚姻是问题的答案，那么她还会在心理诊所待几年，抱怨自己的外表，哀叹命运之不幸。事实是，许多漂亮的女人结婚后仍然孤独无爱、生活凄惨，而许多不漂亮的单身女性却幸福安乐、交友甚广。如果罗莉有一颗善良的心，如果她能在人生旅途中勇敢前行，那么她会碰到与她本性相近的人——无论她会不会结婚。

夏令营的人生课堂

大概十八九岁的时候，我参加了一次夏令营，那次活动给我上了深刻一课，让我对人的身体及其在自我和他人眼中的形象问题树立了正确的态度。我在纽约北部乡野的一个叫“大篷车之路”的夏令营当领队。这次经历使我学到了很多东西，让我永生难忘。但我去那里的目的不是要学什么东西，事实上我得到这个工作机会完全是机缘巧合。本来我参加的是另外一个夏令营，但是那个夏令营在最后一刻泡汤了。刚好那时我父亲在纽约州职业介绍所工作，他给我找了这份差事，所以去之前我根本不知道他把我签到什么样的地方了。

后来才知道，“大篷车之路”是为各种重病残疾儿童开办的夏令营。有些孩子的问题是我们熟悉的：肌肉萎缩、脑瘫，还有“盲、聋、哑”。其他还有些孩子的病状我叫不出名字来。有许多肢体残缺变形的孩子，还有些有重度精神障碍的孩子。每个孩子都有某种缺陷，使他们无法参加主流的夏令营活动。

领队们早几天到达营地，先安营扎寨，等候小队员们的到来。我被分配到女孩子的棚屋，做副领队的工作。终于，夏令营第一天开始了，一辆大巴车从纽约港务局轰隆隆地开进我们营地，我们把孩子们挨个接下车。没人告诉我这是个残疾夏令营，我毫无心理准备，看着这些形态各异的孩子从车上下来，暴露在阳光之下，我内心无比震惊，一遍又一遍地默念着：“噢，天啊！”心想，接下来的八个星期怎么熬得过去，我怎么跑到这么个地方来了？“噢，天啊！”

我送进棚屋的第一个小队员叫史蒂芬妮，她坐在轮椅上，脸部多处扭曲变形，手脚残缺不全。生身父母把她遗弃在医院，也没有人愿意领养她，所以只能收养在一家福利机构。但我很快发现她是一个适应能力超强的孩子，而且个性突出，勇气非凡。事实上，这里所有的孩子看起来都很快乐。

不知道是经过了一天还是不到一个小时，我起初震惊恐惧的反应就变成了模糊的记忆。这个地方变得跟其他地方一样正常似乎就是转瞬间的事！每个孩子彼此都不一样，那么就没有孩子看起来不一样了。唯一的区别似乎就是有些孩子比其他孩子更需要帮助，有些需要特殊的仪器把他们从床上抬到轮椅上。

每个孩子在我看来都很正常，看得出来，孩子们彼此之间也觉得很正常。我看不到平常会看到的拉帮结派划分自己人和外人的现象。孩子们的交流中没有羞辱、自怜，每天起来都热切地与人交往，积极地参加活动。

这些孩子似乎也不会互相指责，正如你想象的那样，他们对差异不同有极大的包容。而第二个夏天我带的一个夏令营是一些“正常”的孩子，一群年龄相仿的女孩子们相互抱怨个子高矮、肤色深浅、头发长短，让大家都不开心，或在游泳、排球等运动中因失败或做得不好而自怨自艾、自暴自弃，或者互相埋怨、互相指责。这些女孩子拥有“正常”的条件，处在“常规”的环境中，但对细微的差异无限夸大，从这些细微的差异中产生了阶梯等级、身份地位，导致了自己人和外人的划分，受欢迎和不受欢迎的区别，而这就是现实社会的微缩版，充满焦虑和痛苦。

◎ 你有权和别人不一样

不管是出于现实需要还是个人选择，你有权跟别人不一样，这是我们作为现代人最重要的权利。而处理差异，应对不同，是我们人类面对的最艰巨的挑战。人们面对差异与不同时，都会有焦虑和恐惧的反应。我们习惯于否定、憎恨、消除差异，或者夸大、美化差异。我们羞辱那些不一样的人或群体，以发泄自身的不快。而在“大篷车之路”夏令营的氛围之中，即使最显著、最突出的差异也都仅仅是“有点儿不一样”。这次经历让我知道了这样的氛围真真实实地存在，也让我知道了平等宽容的氛围是多么重要。

我也注意到一些孩子抵御羞辱的事例，这些孩子的言行令人惊叹，给人启发。夏令营结束后我常去看望史蒂芬妮，记得一个深秋的下午，我推着她在贝尔维尤医院楼下散步。一位“富太太”(就像漫画中的贵妇人的样子)从我们身边经过，她弯腰俯就，平视史蒂芬妮，捏了捏她的脸。“诶，小朋友，你真可爱!”她说。语气是那种人们对很老或很小的人说话时假装的爽朗。

我很惊讶。她怎么能对史蒂芬妮说这样的话？她就不该说什么话嘛！也许这个女人发现自己盯着人家看，心里有点紧张，就感觉自己有必要说点什么。另外让我不快的是，她捏孩子的脸，而这个孩子却无法捏回她的脸。所以我觉得这种行为是种羞辱。

然而，此时没有尴尬的沉默，我还没来得及想如何回应她或者要不要回应她，就看到史蒂芬妮直视她的眼睛说："太太，你跟我说这些干什么呢？你知道我一点儿也不可爱。"

史蒂芬妮的回答没有半点做作的腔调，也没有生气、怨恨或厌恶的意思，只体现了她爽朗直接、口无遮拦的个性。我们沿着小道走下去，史蒂芬妮平静地说："人们看到我这个样子，不知道说什么好，所以他们就会说一些很傻的话。"这一点很多成年人不懂，但她理解——人们对你说一些麻木不仁甚至羞辱性的话，不要太当真，不要往心里去，因为这不是你的问题，有问题的是他们自己。

• • •

当今社会不提倡自我接纳，以后恐怕也不会。因为自我接纳卖不出产品，如果我们都安于现状，喜欢我们现在的样子，那资本主义就会崩溃。而且那些对自己感到羞耻和不满的人会把这种情绪传递给他人，我想你一定注意到了，许多个体或群体总是贬低他人、抬高自己，以满足虚荣，掩盖羞耻。

有时，人到中年，对身体的羞耻感就变迟钝了，人的精力会转到其他方面。正如一位 56 岁的老教师所言："我知道要是能减掉5千克，感觉就好多了，但是到了我这把年纪，这些都是废话了。”如果没别的什么变化，到中年也会有更多让你操心的事，这些事比大腿变粗重要多了。不过有些女人随着年龄的增长反而更加在意自己的体形，所以不要消极地坐等岁月给你带来更高的智慧或更好的心态。确实有很多人跨越了对外表和身体的羞耻，但是这需要强大的意志力，在汹涌的文化潮流中，逆水行舟，永不放弃。

说出难言之处

要结束本章关于身体羞耻的讨论，下面这个问题是绕不过去的：

女性身体的哪个部分是她们深感焦虑羞耻而又无法言说的？猜一猜。

错，不是阴道。[⊖]

而是屄。

这是什么字？

是的，屄就是阴户、外阴，包括阴阜、阴唇和会阴。屄是女性独有的身体器官，那为什么不能大胆地承认呢？

⊖ 英语语言环境中，“阴道”（vagina）一词常模糊地泛指女性外生殖器。该词使用较广，犹言女性“阴部”“私处”，而其汉语对应词“阴道”更为隐晦，更接近医学术语。——译者注

◎ 该叫什么的问题

“我丈夫不喜欢我的阴道，”路易丝低垂着眼跟我说，“他说那儿很乱很杂，感觉会迷路，不知道怎么办，而我讨厌像个交警一样给他指路，感觉好像我有哪个地方不对或者跟别人不一样，以致他找不到路。”

我想勾勒出杂乱的阴道的样子，但是想象不出来。她是个学者教授，应该很清楚阴道和阴户的区别，只是对这个词很不自在。我决定激一激她，让她用上这个准确的词，因此我就问：“阴道很乱很杂？怎么会呢？”

她脸一下子红了，有点儿生气地说：“我说的是——你知道的——外面那东西。”

“你是说阴户？”我问。

“是的，当然。”她说。

外面那东西？为什么用这么模糊不清、自我贬低、表达厌恶的说法来指阴户？跟我们大多数人一样，路易丝也是在“男孩有阴茎，女孩有阴道”之类的观念中长大。下面是一段时下流行的一本书上的文字描述：“女孩的性器官有一对卵巢、一个子宫和一个阴道。男孩的性器官是阴茎和睾丸。青春期最早出现的变化之一就是女孩的阴道开口周边长出毛发。”对女性器官这么不准确不完整的描述会让青春期的女孩疑惑不解，对照这种描述，女孩子在卫生间对着镜子看着自己的身体，难免觉得自己是个怪物。路易丝自己就曾有过这样的糟糕体验。

在漫长的心理治疗过程中，路易丝和我多次探讨人体生理和性生活。小的时候她偷偷地看过她弟弟的“小鸡鸡”，心里有点儿羡慕，因为阴茎整齐简单干脆利落。“一眼就看出来了，毫不含糊，没有藏着掖着的部分，全露在外面，容易检查。”当我指出，她的“外面那东西”也是露在外面容易检查的，只是说不出口，不好叫什么，她立即点头，赞成我的看法：“是啊，每个人都知道男人有阴茎，每个人都可以说这个词。但是描述女性性器官的词，人们唯一能说的只有‘阴道’这个词。”

“你也只说这一个词？”我问。

“是的，我也一样。”她回答说。

路易丝对她的阴部感到羞耻和焦虑，这种混杂不清的情绪一直持续到她长大成人。在换衣间，如果有其他女人在，她便不会脱光换衣服。她很讨厌自己的内阴唇“像火鸡的红色肉垂一样耷拉着露出来。”当然了，异性恋女性几乎没有机会清晰地了解自己的性器官（因为她们没有与其他女性参照比较的机会），也就无法了解自身生理构造的差异。至于“什么样才是正常的”这一问题，我要说，阴户在样式、颜色、大小、比例等方面个体差异很大，很难说什么样的是“正常”的，许多人会有“红色肉垂”。

性心理阴影也是导致路易丝有异样感的羞耻的因素之一。读中学的时候，她母亲回娘家照顾生病的外婆，母亲不在家的那几个晚上，她父亲都到她的房间睡。其间父亲曾抚摸她的大腿和阴部，“帮她放松”。为了绕过这个心理阴影，做心理治疗的时候，她只提有一个朋友的父亲可能触碰到她朋友的双腿之间。治疗师问：“你是说她父亲碰到了她的阴道？”路易丝紧握了一下手，说也许是朋友编的，然后换了个话题。

路易丝回到家，查了查字典，发现父亲触碰的并不是“阴道”，羞耻和迷惑让她头晕目眩。就为了一个词，她这样是不是小题大做、无事生非？她知道“阴唇”这个词，其定义就是“保护阴道的唇肉”。这是不是说她父亲触碰的是保护“阴道”的部位，而“阴道”并不是他真正触碰的部位？她的生活现实，先是受到性侵犯的强烈冲击，如今又蒙上一层神秘的面纱，因为没有共通的、自然的词汇可用于清晰地思考和对话讨论。因此对这位治疗师，她关闭了对话的大门，没再提起这一心理创伤，直到后来来到我的诊室。

如果我们感到无法清晰地表达，那也就无法清晰地思考。用准确的词汇分清“阴道”与“阴户”，对每个女孩来说都很重要，即使她没有受侵犯的经历。长期以来，“阴道”这个词被滥用、误用，妨碍了女孩子的成长，不利于她们对自身性器官和性心理形成准确、清晰和科学的认识。女孩的成长环境不能给她提供准确的信息，无助于她认识自身性器官，探索自身性心理，这一状况也会造成对身体的羞耻感以及对性冲动的焦虑。如果遭到性侵犯，女孩本来就会感到困惑（“为什这样的事会发生在我身上？这是怎么回事啊？为什么这是不能说的秘密”），女性生殖器错误且不准确的标签更会加深女孩的羞耻感，使问题更复杂，创伤更难愈合。

◎ 提高阴户意识

阴户？那是什么？朋友南茜被确诊患有前庭大腺炎，羞耻部位不常见的疾病。她打电话到美国国立卫生研究院了解一些信息。接电话的也是一个女人，南茜跟她陈述了自己的病情。“阴户？”那个女人疑惑地问，“阴户是什么？是心肺器官吗？”

提高阴户意识，我的第一次正式尝试是针对我的职业同行们。加入梅宁格诊所团队后，我发表了一篇论文，论文题目为《父母对女童生殖器官的错误标签是女性阴茎崇拜和学习障碍的决定性因素》。我论述了没有用准确词汇描述外生殖器如何导致女性对性事的认识模糊和羞耻感，如何造成女性学习认知障碍。文章于 1974 年发表在一家著名精神分析刊物上，但是没有激起学界的任何反响。

而我顽固执着，几十年来一直跟父母们说，“阴道”这个词仅用于描述生孩子的产道，竭力鼓励他们用“阴户”这个词描述整个外生殖器。有好些受过良好教育的家长说，他们从未听过“阴户”这个词，其中很多人以为这个词是瑞士汽车品牌[1]。更有意思的是，大部分认识这个词的人都对这个说法很不舒服，耻于用这个词。

我问这些父母为什么不跟女儿讲她的外生殖器官叫阴户，上面有个阴蒂。我听到的回答是一系列虚构的理由，最多的回答是：“我不喜欢用这个词。”下面还有很多借口：

> 跟我女儿讲阴户、阴蒂，就好像是叫她去手淫一样。
>
> “阴户”是医学术语，有点儿专业。她的朋友们都不知道这个词，我不想给她造成心理负担。
>
> “阴道”是她的性器官，跟以后同房、生小孩有关，她只要了解这些就够了。
>
> 如果我用“阴户”这个词，她会把它传给班上同学，那我们做父母的怎么处理？我不会跟她讲那个丁点大的东西（指阴蒂），我都不知道那东西叫什么。

在弗洛伊德时代，《韦氏词典》里表示女性生殖器的词只有一个——“阴道”。“阴户”“阴蒂”“阴唇”等词哪儿都

[1] 英语中“阴户”（vulva）一词与瑞士汽车品牌沃尔沃（Volvo）发音、拼写相近。——译者注

找不到。那个时代，我们的语言里没有词可以表达那个神经末梢最丰富、其功能只是带来快感的女性器官。可以想象，这样一个时代，女性性自由怎么可能发展起来。

虽然《韦氏词典》后来增加了这些词条，但是现实语言状况没有多大改变。是的，美国人不会像有些国家或民族一样对女孩子实施“割礼”，割除其阴蒂阴唇。但是我们在语言上行“割礼”，在心理上自残性器官。语言能像手术刀一样锋利快捷，没有名字的东西就是不存在的。

◎ 阴道独白?

从20世纪60年代开始，我一直执着地致力于提高阴户意识，出版论著、发表演讲，论述准确命名阴户的重要性，说明阴户包括阴唇和阴蒂。我有理由相信自己取得了一定的成功。但当我和丈夫在纽约看《阴道独白》这出戏时，感觉自己像是掉进了《爱丽丝梦游仙境》里的兔子洞。这是一出意在恢复女性对自身性器官自豪感的戏剧，但它极大混淆了女性性器官的现实。

剧作家伊芙·恩斯勒对女性事业做出了巨大的贡献。我想谈的不是恩斯勒，而是她的观众，数以万计的男男女女看这部戏，听关于这部戏的评论、争辩，而装作好像其中没有任何疏漏——或者更糟的是，根本就没有发现其中有疏漏。我的朋友艾米丽·柯夫隆写了一封信给《女士》杂志，在这封未发表的信中，她说：

> “是不是突然之间所有女性集体失忆，都忘了阴道和阴户的区别？如果男人们看到一场所谓的男性主义盛宴连阴茎和睾丸都分不清楚，我相信他们肯定无法容忍这一状况。难道我们女人已经习惯了自身的从属地位，对任何认可女性生殖器的表述都感激涕零，不管这一表述是多么不准确？”

有些看了这部戏的人并没有失忆，一位叫雪莉·特鲁的女士在一篇网文中说得最好。特鲁带着 17 岁的女儿到剧院去看这部戏，剧院里挤满了各式各样的观众，他们聚在一起探寻关于这个身体部位的趣闻轶事。她听到伊芙·恩斯勒开场问女性观众：“你的阴道会穿什么裤子？你的阴道会说什么？”

“什么？……好吧，”特鲁想，“这些问题是为了打破尴尬，鼓励女人谈谈她们的阴道的。”但是故事开始后，特别是听到故事里丈夫要求女人给阴道刮毛时，特鲁坐不住了。“给阴道刮毛？阴道能刮出毛来？那不是需要一种特制的刮毛器吗？是不是像修鼻毛的工具一样，只是更大一点儿？我的天！”

虽然有些故事情节的确指的是阴道，但特鲁很快就意识到要把“阴道”这个词换成“阴户”整个故事才讲得通。

我很想站起来，跳到椅子上，大声宣布：“各位听我说，不是阴道，是阴户，你们讲的是阴户！”我想带着大家齐声念一念“阴——户，阴——户！”但是我怕 17 岁的女儿会偷偷溜走，以后都不敢跟我说话。我心里一直在想，我一定是听错了。表演结束后，女儿转头对我说：“是阴户。”

然后有各种印有“阴道”字样的 T 恤衫、纽扣出售，还有“阴道巧克力”售卖。特鲁买了那种巧克力带回家送给她丈夫。无须提示，丈夫立马认出来这个巧克力像阴户。“这是女性主义学说的阴郁的一天，”特鲁写道，“这个器官，他都没有！”

◎ 对女性性权利的恐惧

这个只有两个音节的小词怎么会笼罩着一层神秘的色彩，带来模糊和恐惧呢？不管怎么说，它总比那个三个音节的词[1]听起来更简单和谐。弗洛伊德本人注意到了“阴户”引发的焦虑，他曾提到拉伯雷小说里的一个情节：向魔鬼展示女人的阴户，把魔鬼吓得仓皇而逃。心理分析学家认为，男性对“阉割去势”的恐惧是其对阴户感到焦虑的一个源头，正是那个“毛乎乎的女性阴户”，而不是阴道（其本身是不可见的），看起来像一个大“伤口”，因此会引起小男孩的恐惧，担心自己的“小鸡鸡”被割掉。

---

[1] 指“阴道”，英语中 vagina（阴道）有三个音节，而 vulva（阴户）有两个音节。——译者注

且不说弗洛伊德的学说，我要讲的是，阴户很可怕，因为那里是女性性快感的主要源泉，是女孩性成熟和性自慰的首要之处，跟性交和生殖是分开的。许多家长不愿承认年轻的女儿是有性欲望的个体，她们有权对自身身体器官产生好奇，有权享受性器官带来的快乐。对女性性权利的否认和恐惧在各个人文社会学科的研究中有无数的记录。不管怎么说，对于为什么我们害怕某样东西，即使没有一致的结论，我们也要想办法去改变纠正它。

◎ 你愿意加入V社团吗（V代表阴户）

在堪萨斯州托皮卡市基督教女青年会的衣帽间，我无意间听到下面一段对话。

“妈咪，那个是他的‘小鸡鸡’吗？”一个学龄前小女孩指着旁边图片上光着身子的男童尖声问。虽然有点儿尴尬，但女孩的妈妈更多地被她的好奇心逗乐了，给了她一个肯定的回答。

“那又是什么呢？”女孩又问，手指着图片上裸体女童的裆部。

“那是她的阴道。”她妈妈轻快干脆地回答。

我清了清嗓子，想说点什么。我想走上前去跟女孩的妈妈说：“阴道？你是跟孩子开玩笑吧？难道这是X光照片？”但是我咬咬牙忍住了。我有纠正别人言语的坏习惯，但是在公共场合，我还是会克制自己的冲动，不去跟陌生人讲大道理。

我没有这样做，但是我在几十年前联合纽约市女性心理治疗中心的几个很不错的女同事，开办了一个 V 社团。作为社团主席，我真诚地邀请大家加入我这个社团。只要你正确使用“阴道”“阴户”这两个词，并鼓励别人正确使用它们，你就可以成为我们的会员。对不起，我们没有会员卡，不发 T 恤衫、扣子或巧克力。但是我向你保证，如果我们会发巧克力，那么“阴户巧克力”就一定是阴户的形状，而阴道巧克力就一定像……像什么呢？也许就像一根意大利空心粉吧。

如果你取得了入会资格，你就在“女性天堂”卡上留下了印记，你就成了一位破除羞耻的人，为女性力量的壮大做出了自己的一小点贡献，对男性也是一种帮助。那么问题就来了，回到那个衣帽间里小女孩提出的问题，如果你遇到这种情况，会怎么做呢？

你该怎么回答她？记住，要超越恐惧和羞耻，我们必须选择清晰地表达，明确地下定义，不能保持沉默或模糊应对，不能使其神秘化。

我们必须明确地回答：“那是她的阴户。”我们可以大声地说出来，正确地使用这个词，这是我们欠自己的旧账，也是我们欠古今所有女性的旧账。

The Dance of Fear ••••

第10章

人生崩溃

面对灾病与苦难

也许你最深的恐惧并没有变成现实，也许你最担心的事虽然发生了但没有预想的那么可怕。你觉得无法度此劫难，却安然无恙地活了下来。女儿命悬一线，要动大手术，但最终手术成功，一切安好。儿子深夜三点才回家，但不管怎么说，还是毫发无损地回来了。你穿越狂风暴雨，历经千辛万苦，终于回到了家乡。癌细胞得到控制，医生说他们“已经掌控病情”。有时隧道尽头的光就是阳光，而不是迎面开来的火车。

然而，上天迟早会给你上一堂灾难课，让你深刻了解人性的脆弱，也就是说，你自己或者你深爱的人，将会陷入巨大的恐惧和深切的悲痛之中——这是上天给你的教训。之后，恐惧焦虑将长期困扰着你或者你身边的人，你可能面对近在眼前的死亡。虽然这样的经历必然是恐怖和痛苦的，但是我们每个人仍然有办法尽一切可能让自己的生活过得好。

对死亡的恐惧

很多人最惧怕的就是死亡。据说美国人害怕登台演讲甚于惧怕死亡，但是我敢肯定这种说法没有反映真实情况。参加问卷调查的人也许更担心他们会立即被叫去做演讲，而不担心远在将来的死亡威胁。不妨做个试验，把人悬在高楼大厦楼顶，让他们选择是跳下去一头扎到地面，还是报名参加一个公众演讲。我想结果不言而喻。

“我不害怕死亡本身，”很多人跟我说，“我只是害怕死亡的痛苦过程。”其实人们真的害怕死亡本身，因为死亡结束了生命，因此死亡不同于一般的引发焦虑的事件。伊恩·弗雷泽在《纽约客》的一篇幽默文章中称死亡是“注定失败的经历”，他说：“在经历医疗的羞辱、身体的折磨、金钱的忧虑、死时的恐慌沉闷之后，我们没有任何可期待的结果，只有死亡等着我们。”其他引发焦虑的事件（比如离婚、失业）起码在痛苦焦虑的尽头，还有新的可能性等着我们，然而死亡，至少在世俗的层面上，其结局没有任何希望。

近在眼前的死亡也许没有那么可怕，如果人平安幸福地度过了大半生，死亡的到来就像历经风浪的航船缓缓地驶向终点，靠岸入坞。但谁又能预料人生的终点在何处？死神任凭其喜好随时都有可能降临，死亡永远是一个潜伏的威胁。当死亡的威胁带来了这样的问题——“为什是我”“我做错了什么遭此天谴”“人生为何如此不公，让我英年早逝？让我死不得其所”，此时死亡的折磨是最痛苦的。人生不公，死亡亦然。但是如果我们任由“人生不公”的抱怨折磨自己的心灵，就会陷入更深的绝望之中，而不能发现充实自我、带来快乐的机会。

芥菜籽的故事

安妮·莫罗·林德伯格尚处幼年的儿子遭绑架遇害，此时只有芥菜籽的故事能帮到她。一位失去儿女的母亲问圣者是否有治愈悲伤痛苦的灵丹妙药，圣人说："有的，你可以找一个从来没有经历过悲伤的家庭，从这户人家讨一点芥菜籽，这样你的悲伤就会痊愈。"这个女人一辈子都在找这么一户没有悲伤经历的人家，但一直都没找到。

第一次听到这个故事时，我十岁，所以不知其何意。苦难是不民主的，如果你挨家挨户观察各家悲伤，你可能会说："啊，天啊，不管怎么说，你现在也不是那么艰难嘛！"比如，在我这个街区，没有哪家小孩遭绑架遇害，没有发生过那么恐怖的事情。

现在我理解了芥菜籽的故事，这个故事不是要你把自己的命运跟别人的相比。攀比的心理让你关注差距——比如把你女儿的高考成绩与她班上同学的成绩相比，你关注的是分数差距。芥菜籽的故事使我们理解了悲伤痛苦在人类家庭中的普遍性，它告诉我们，苦难是人生的定义之一，只要降生于这个世界，就不可能逃脱恐惧与悲伤。真的，治愈恐惧与悲伤的"灵丹妙药"就是你要理解世上并无此"灵丹妙药"。你也许认为自己经受着别人没有经受过的苦难，但实际上你的苦难只是普遍人生境遇的一小部分。

既然安妮·莫罗·林德伯格说，唯一能帮到她的就是芥菜籽的寓言，那么我想，这个故事会使她了解，悲伤的重担落在整个人类大家庭之上，恐惧和磨难就像幸福和快乐一样定义了我们的人生际遇。在我们最艰苦的时候，所能做的也许就只有承认普遍的无力无助，这也许正是最能赋予我们勇气力量的举动。

我们终有一死。尽管我们的文化一再强调“把握机会，掌控命运”，但是我们无法选择何时结束生命，或以何种方式结束生命，例如雷击、虎噬、车祸、暴力、疾病、年老体衰，或者在错误的时候出现在错误的地方。放弃掌控人世运行轨迹的欲望，我们才能在人世中找回自己的位置。掌控命运是不切实际的幻想——这个事实在你得病或者在某方面崩溃的时候，你很快就会体会到。理解人生的苦难和人性的脆弱是人类最本质的部分，我们个人的命运才有可能更容易地掌控。

比较的错误途径

因为我们大多数人都不是具有高度精神修养的人，我们容易挨家挨户地寻找比自己更苦更糟的人，这样我们心里会好受一些。这时，不是去理解人生境遇的共通之处，我们反而是去寻找差异。只要打开电视翻开报纸，你就能让自己感觉命运对有些人比对你要更残酷无情。

翻开我六年级时写的日记（这是一年悲惨生活的记录），我发现了打出来并贴在上面的一句引文：“我以前因为没鞋穿而哭泣，后来看到一个没有脚的人，就不哭了。”显然，这句话给了我一些安慰。但是把我们的苦难跟别人相比，最多只能给我们暂时的安慰。也许某些天想到无足之人我会感觉好一些，但是改天想到班上有手有脚又有男朋友的女同学，我就会感觉更加难过。

当你的思想沉浸在这种比较中时，结果就是这样。你对儿子的未来惊恐不已，生怕他假释期间回来找你，因此当你见到一个孩子麻烦更大的母亲时，就从她的故事中得到了些许安慰。但是第二天，你可能碰到另一个母亲向你介绍她的三个女儿，各个健康貌美、活力四射：萨拉，“古根海姆学者”；安娜，哈佛医学院神经科外科医生；朱丽，天文物理学家，精通西班牙语、孟加拉语、俄语，从世界闻名的美国国家航空航天局请产假回家，期间完成了两部小说。

当然，幸福家庭可能好景不长。也许一家人在去科德海角度假的路上遭遇车祸，不幸身亡。人生命运之变化无常可能再次告诉你，一些看起来“命好”的人和一些外面看富有幸福的家庭，可能比“一无所有”的人的人生更悲惨。那些我们认为享受着完美人生的人，他们的情感世界和内心体验，我们无从了解。但是来自任何比较排名的安慰都是暂时的，就像热天吃上一根圣代冰激凌，或者饿了吃上一盒克拉夫特意大利通心粉加奶酪一样无法持久。

• • •

每当你想跟别人比较时，请提醒自己，如果被比较心理左右，你也就会不重视自身的恐惧和痛苦了，因为你认为它无足轻重。“来这里我感到很内疚，”许多咨询者这样跟我说，“其他人的情况比我严重多了。”或者说，“在伊拉克许多人被炸飞，而我只是失恋了就一蹶不振，我这是怎么了？”或者反过来说，这种比较会让你无法看到，你个人的悲伤痛苦只是人类共通的苦难经历的一部分，因为你无法摆脱揪心的悲叹：“为什么我要比别人承受更多？！”

当然，这个世上有人受难更多，有人受苦更少，我们必须承认个体之间的差异。但是比较所受苦难的多少，把它当作缓解自身焦虑和悲痛的唯一方式，实际有悖于芥菜籽故事的寓意，也有违我们的初衷。

◎ 苦难是可耻的吗

最后同样重要的一点是，比较会产生羞耻感。如果你以身边的（特别是媒体中的）狭隘世俗文化形象衡量自己，羞耻会铺天盖地而来，把你压垮。照流行的标准，你不够健康、漂亮，不够富有、不够有才。在精神情感上或者身体外形上不“达标”，你肯定有这样那样的问题毛病。坏事接连发生在你身上，那你一定是本质有问题，你没有在规定的时间内，用他人似乎常用的方式办好这事，“渡过难关”。

羞耻也会使你感觉有必要克制自己的恐惧和焦虑，把它隐藏起来，不要让它发声。对于长期存在的悲伤痛苦，我们特别感到羞耻：“就像衣服上的一个污点，它表明我们有缺陷，不完美。陷于痛苦中，欲与诉说悲伤之情，似乎与现代生活脱节，而现代人不屑于沉浸于悲悼之中。”

而且上帝不允许你有“依赖性”，也就是说，与别人相比，你不能比自己想的更有依赖性。正如作家兼残疾人权益保护人士安妮·芬格指出的那样，我们形成了这样的观念，对有些事物（比如汽车或美发师）有依赖性是没问题的，而对另一些事物（如轮椅或帮你洗手洗脸的护理师）有依赖是有问题的。如果你深陷矛盾之中，可能会觉得在你这个年纪拄拐杖、打盹、请假、戴助听器是可耻的事情。你也许在某种情况下需要他人的帮助，但你对此感到羞耻。

而在现实生活中，每个人都依赖他人的帮助和支持。承认我们需要彼此，没有什么可耻的，这是一个事实，但是当我们身体健康且有能力掌控局面的时候，我们常常否认这一事实。真正可耻的是，我们还迷信这些神话：只要有“我能行”的精神，我们就能独自走上健康、财富和幸福之路；或者说，保持年轻、强壮、有活力是最重要的，而不是培养自我接受；又或者说，恐惧和痛苦是微弱的，我们的任务是“把握命运”“维持体面”。屈服不是美国精神，所以我们总是觉得，即使经历了最可怕的事件，遭受了最巨大的损失，我们也要将其变成个人成长的机会。作家迈克尔·文图拉说，这是我们美国人对经历体验的“消费者的态度”，而其他文化会觉得这种态度有违人性。

• • •

如果没有认识到变化、无常、失去、死亡都是可预见之必然，那么我们所承受的磨难将更加痛苦。从任何一个更高的角度来看，不管是从社会进化的角度看，还是从宗教信仰的角度看，我们都是短暂地停留在这个世界上，我们的生命都是浩渺宇宙之一瞬，无论你只活了1岁还是活到了100岁。

除了自己的人生，没有任何其他人的人生可让我们享受，所以我们都要尽最大的努力过好命运交给我们的人生——即使人生崩溃，那也是我们的人生。面对危机，很少人有足够的精神修养，平静、自觉、充实地过好生活。但是我们可以少与人比较，少自我羞辱，尽可能地充实自己的生活。这绝非易事，但是即使面对死亡，我们也有办法，也可以活得体面、活得有意义。

罗达：与慢性疾病共存

罗达刚来做心理治疗的时候30岁刚出头。3年前，她被诊断患有慢性退行性疾病，这种病无法根治，最终将致其瘫痪，生活无法自理。听到诊断结果，她感觉天塌下来了，人生就此结束。恐惧和抑郁弥漫着她整个生活。怎么会得这样的病？所有她习以为常的事情都被搅乱了：工作事业、生活习惯、经济来源、夫妻生活、外表打扮、独立自主，还有她无限光明的未来。

罗达有两个最要好的朋友，芭芭拉和伊芙琳，从大学一年级开始她们就是最要好的三姐妹。听到罗达的诊断结果，两个好姐妹都表示全力支持她。当然她们能够理解罗达的心情，知道她内心怨恨、压抑，感觉肉身背叛了灵魂，害怕自己成为家人和朋友的负担，也害怕遭家人或朋友离弃。她的朋友倾听她的心声，应和她的心情感受，安慰她说，面对她这种情况，是人都无法把恐惧抛在脑后。她们也不辞辛劳，帮助她寻找最佳的医疗资源，获得最好的医疗照顾。

经过治疗，罗达的病情多次缓解，平稳，又复发。不久，总体情况逐渐明了了，病无法根治，罗达的身体正在走下坡路。每当不断蔓延的病情造成新的损失或障碍时，罗达就会感到强烈的恐惧、悲伤和怨恨。“我不属于幸运的人。”她跟我说。医生说她的病恶化得很快，比预想的还更糟糕。她笑了笑，补充说：“或者准确地说，我都不是不幸的人当中的幸运者。”停了会儿，她更认真地说：“得任何慢性病，都没有任何可庆幸的事。

◎ “凡事皆有因果”

罗达来我这里咨询是因为两件事，一是她对疾病的恐惧悲伤，二是她与芭芭拉的紧张关系。当时照顾她生活起居的主要就是芭芭拉。

罗达告诉我，她和芭芭拉以前在大多数问题上，包括她的病的问题上，都有相近的世界观。听到诊断结果时，她们一起抱怨是可恶的基因、有毒的环境以及厄运的惩罚共同导致了这个结果。她们都把患病看作上天任意掷色子的结果。然而芭芭拉后来经历了一次“精神信仰大转变”，她现在认为万事发生皆有缘由，而最终可见上天是公正的。“凡事皆有因果”便成了她的口头禅。用罗达的话来说，她现在变成“幼稚的伤感的新世纪蠢蛋”。

好友在核心观念上与自己拉开了距离，这总是令人难以接受的。本来她们深厚的友谊可以容忍这一观念差异，但芭芭拉总是以传教士的热情，试图说服罗达接受她的观点，要她采取更积极正面的态度。芭芭拉对她说，她的恐惧、怨恨和悲观让她的情况更糟糕，她必须摆脱这种负面的情绪，才能支撑起自己的免疫系统，才能从宇宙中吸收正能量，把每天都过得充实完满。

然而在罗达这边，她却讨厌别人硬是给她打气鼓劲。而且她对芭芭拉的那种观念也很不满，她不觉得人遭受的一切都是应得的，都是冥冥之中上天的安排。她也感觉芭芭拉隐隐地暗示她得病是自作自受，虽然芭芭拉极力否认有这个意思。不管怎么样，对芭芭拉的怨恨消耗了罗达太多精力，她所剩的精力本已不多。

◎ 推动积极正面的思维

根据罗达的描述，她与芭芭拉的交流是这样的：她跟芭芭拉说自己是多么恐惧、多么痛苦，芭芭拉就说她不能总是抱着这么消极的想法，这样会让她陷入恐惧中无法自拔。芭芭拉提出，罗达能做的一些事，比如给自己正面的心理暗示。因此，她打出了下面这些认为对罗达有帮助的话："我很强壮""这是上天的安排""我是拯救宇宙的正能量""我胸怀慈爱和力量，能处理生活中发生的任何事"。这些话是她从苏珊·杰弗斯的畅销书《感受恐惧并消解之》（*Feel the Fear and Do It Anyway*）上摘抄过来的，罗达说这本书成了芭芭拉的新《圣经》。

让罗达沮丧的是，生日那天，芭芭拉就把这本书作为生日礼物送给她，另外还送了这本书的姐妹篇。芭芭拉还把书中有些地方涂成黄色，有些关键句用红笔加了下划线，并在旁边批注："你一定能消除负面情绪，换来乐观精神。"她满怀欣喜地对罗达说，该书的作者得了乳腺癌，做了乳房切除手术，但是癌症唤醒了她的生活，让她更珍惜简单的快乐，比如冲个热水澡，早上泡杯咖啡。

“这也太腻歪了，”罗达在一次治疗中这样跟我说，“这让我想起《周六夜现场》里面那个叫斯图亚特·斯莫利的人每天站在镜子面前自言自语，说‘我很好，我很聪明，你看，人们都喜欢我’。”毫无疑问，罗达对巴巴拉的苦心劝导不以为然。

实际上，罗达读了这些书，也尝试着接受“人所面对的生活现实是自己一手造成的”这样的观念。她颇有兴趣地读到作者的这个观点：积极正面的话语（“我很强壮”）能使我们身心强大，消极负面的话语（“我应付不了”）使我们身心疲弱。她照着书上的说法练习了好几天，果然有所启发，特别有感于作者的这个说法：我们是否真的相信自我暗示中所说的话并不重要，因为不断地口头重复自信的话语，多少能给我们的内心灌输一点儿自信的能量。

但她并没有坚持下去，的确，罗达不是一个很积极乐观的人。书中唯一一个引起她注意的句子，并不是芭芭拉画了红线的部分。该书的作者指出，“身边围着一群积极乐观的人”对于情绪低落的人很重要。罗达的目光落到这一句时，她突然明白，自己最大的担心是芭芭拉会因为自己不能变得积极乐观而弃她而去。

“对这些情况，伊芙琳是什么态度呢？”我不止一次问她。

“伊芙琳也觉得芭芭拉有点儿赶潮流，但她反应没我强烈，她只是说‘芭芭拉就是这样的人。’”

我向罗达建议，把芭芭拉和伊芙琳请到我们治疗室来。毕竟，她们是没有血缘关系的三姐妹，而现在这个“家庭”出现了危机。她们两人都接受了邀请，因为她们都爱罗达，把罗达的磨难当作自己的磨难。

◎ 开启谈话

在第一次会面中，我问芭芭拉和伊芙琳，自从得知罗达的病情，两人有什么感受。伊芙琳说她希望有更多的时间陪罗达，芭芭拉说她很担心恐惧和消极情绪会把罗达压垮。

罗达插话进来对芭芭拉说，她憎恨被迫保持快乐心情的压力。这话她以前也说过多次，但是没有那么强烈的语气，因为她对芭芭拉有依赖，害怕疏远了她。而这一次谈话走得更远。

“你想让我认为自己病了还是件好事，这样你自己就会心情轻松一些，”罗达放开心情对芭芭拉说，“你和伊芙琳是我在这个世界上最好的朋友，如果对你们都不能表露真实的心情，我真不知道该怎么做。”

“我们想看到你真实的心情，”伊芙琳说，“但是我们也想你在生活中有一点儿快乐和一丝希望。”

“你的消极情绪正在损耗你的生命力，”芭芭拉接着说，“这对你不好，”停了一会儿她补充说，“而且你这样也在消耗我们的精力。”

“那你就别管我了！”罗达抢过话来，言语中的愠怒透露了这么一个事实：她正在激使芭芭拉做她最担心的事——弃她而去。

“我没有说要走！”芭芭拉反驳道，“我只是难过，难过我努力帮你，而你却自暴自弃，不知道自助自救！”

“我要怎么自助自救？用你的内心魔法咒语？”罗达反击道，“我已经垂死挣扎，天可怜见！我的生命就在你眼前慢慢崩溃！而你要我每天花 20 分钟念你那些没用的咒语？”

“积极正面的思考不是你说的咒语，”芭芭拉回答说，“你不理解，是因为你没有打开心灵。”她突然哭了起来，“我不能就这样看着你崩溃，无奈无助，袖手旁观。”

在三个人当中最平静的伊芙琳也插了进来。“我也有这种感受，无助无望，心里明知这样很愚蠢……”她说，先看了看我，然后看着她的朋友们，“安娜（她女儿）有一根从科学博物馆拿回来的塑料魔法棒……”伊芙琳说着停了下来，脸上一副难过痛苦的表情，看来很难再说下去。

“每天我都要在房子里走一圈，拿着魔法棒敲一敲各种家具，心里默念着‘罗达，快点好起来，罗达，快点好起来。’”伊芙琳的眼里含着泪水，“我已经用那个没用的魔法棒敲遍了家里的所有东西。我幻想着，敲一敲你的头，敲一敲你的肩膀，说‘罗达变好，罗达变好’，瞬间你就可以完全康复，一切都成为过去，没有任何疾病的迹象。”说着她哭成了泪人。

芭芭拉说，她也经常幻想有灵丹妙药治好罗达的病。“读大学时我们就讲好了要一直相伴到老，我无法接受你先离我们而去。”

“唉，我都活不到脸上长皱纹的时候。”罗达说，带着一丝无奈，也带着一点温情。房间里就她一个人眼睛是干的。“以后你们要慢慢适应只有两姐妹的日子，就是两姐妹，也不敢保证能一起走多远。”

罗达再次感受到了两个好姐妹往日的温情关怀和内心的恐惧、脆弱。坦诚地交心给整个房间带来了舒适、宽慰和温暖。她们把压抑在心底的恐惧和担忧都说出来了，因此就能更好地掌控它们。

◎ 扩大求助网络

显然，她们需要其他人参与照顾罗达，但是这对她们三个人来说特别难以接受。照顾罗达的生活，有些要做的事是很私密的，所以罗达只想让芭芭拉和伊芙琳过来。如果每个人都很健康，亲密的三姐妹关系会很好。但是现在情况不一样了，她们必须寻求更多人的帮助。

在两个好朋友中，芭芭拉是更受拖累、更疲惫的，因为照顾罗达的大部分事都是她来做。她住的离罗达不远，走路就能到，工作都在家里完成，家里也没有其他人。而伊芙琳不一样，她住得离罗达较远，20 分钟才能到，而且家里有两个女儿，一个 4 岁，一个 7 岁。伊芙琳为罗达做了很多事，但是她要忙很多自己家里的事。虽然芭芭拉也很忙，但她总是那个“随叫随到”的人。

有时候她感到绝望透顶、筋疲力尽，几乎神经都要崩溃了。但她不敢把这种感受告诉罗达，怕她听了伤心欲绝。照顾罗达的繁重任务让她身心俱疲，因此内心充满焦虑，担心罗达的病情继续恶化，以致更依赖于她的照顾。我跟芭芭拉开玩笑说，也许她得上精神病就可以跟罗达交流，她能给予的能做的事是有限度的。也许她能够想出更好的办法让罗达知道，她的帮助照顾什么时候超出了限度。

只有我们自身强健、不生病、不出症状，才能接收和转移别人的焦虑。对于芭芭拉来说，与其设法改变罗达的人生态度，不如以合适的方式说明自身可承受的限度。芭芭拉能不能尝试着说，“我很关心你，但我能做的很有限。”或者说，“我来不了，我太累了。”如果罗达很不满地说，她不想其他陌生人到她家里来，要她母亲过来只会让事情更糟糕，只有芭芭拉和伊芙琳能照顾好她，这事其他人都做不了，这时芭芭拉能坚持自己的立场吗？

问题是芭芭拉自己也不明白能为罗达做多少，也就无法跟罗达说清楚。但她决定接受这个挑战，因为她知道随着罗达病情的恶化，需求会增多，情况不会变得更容易，只会更糟糕。罗达很快就意识到，虽然减少对芭芭拉的依赖会使她很难过，但是如果她能够扩大救助者的网络，大家都能从中受益。

◎ 决定性的改变

我看到她们三个人定期碰面，每次每个人都有积极的变化。芭芭拉懂得了她想让罗达看开一点儿的做法只会让罗达感到更孤独、更恐惧。她试着倾听罗达的诉苦，关切地询问她的状况，简单地应和："你要承受这个痛苦，我很难过。"她给予罗达的是全面的关心，而不是精神的教导。有时候她会问罗达，有什么方法能减轻她的痛苦，有时候会提出一点儿自己的想法，但她不会再像以前一样发牢骚。罗达本人则开始真正体谅朋友在身体和心灵上的疲惫。芭芭拉一踏进她的家门，她就努力克制诉说自己的恐惧和绝望。

伊芙琳为罗达做了很多家务琐事，但她到罗达家里来不会待很久，一方面因为她自己家里有很多事，另一方面也是因为保持距离是她处理焦虑的方式。在我们的一次治疗中，她坦白了一个"秘密"，这个秘密比她上次讲的魔法棒的事情更难以说出口。每次照看罗达回来，她都会有一种沉重的疲惫感，她要挣扎着努力让自己不闭眼。

我问她这是怎么回事，她回答说："我想这跟我的女儿有关，一想到我的女儿也可能发生这样的情况，我就无法承受。不是说罗达是个丧星，我没这个意思。只是看到罗达，让我想到生命的脆弱，无人能幸免，这让我无法承受。”

伊芙琳焦急地望着罗达，看她对自己的话作何反应。没想到罗达很平静，一点儿也不生气，她说：“看到我当然会想到一些不好的事。”其实伊芙琳坦白自己内心的脆弱，只会让罗达感觉更亲近。

“你感到疲惫的时候，就躺到我的沙发上睡会儿吧，”罗达建议说，“不用做其他的，就到我这睡会儿。”好几次伊芙琳真的这样做了。作为两个年幼孩子的母亲，她总是感到疲惫不堪。很有趣的是，现在她把这件事说出来，让它不再是个心里的秘密，还可以躺在罗达的沙发上，她感觉轻松了许多，也没有感觉那么疲惫了。

有一次罗达单独来做治疗，她评论道：“没有什么比关心你的人更重要。”我对罗达说：“那好，那你妈那边怎么办？”

◎ 坚定自信速成班

罗达第一次来看我的时候，她拒绝母亲来看她，因为她觉得母亲“整天神神道道的，烦死了”。罗达还说，要是让她母亲过来照料她，结果肯定是她还得照顾她母亲。她母亲精神极度紧张，时不时向罗达寻求宽慰，因此罗达还得照顾她的心情。（比如，“妈妈，你别担心，有很多厉害的医师正在研究这个。”）

当然，她母亲的焦虑是随着与罗达距离的拉近而变得越来越严重的，最终会让母亲“神神道道”，这让罗达特别难受。在我的鼓励下，罗达请她母亲来她那里小住几天，并且事先做好准备，想好看到她表现不太好时该怎么提醒她。罗达发现，一有话就说出来，而不是闷在心里，她感觉好多了。罗达的声音没那么强烈时，她母亲更愿意听她说话。

比如有一次周末，罗达母亲“拖地、唠叨、叹息：‘可怜啊可怜。’”（罗达的原话）我提议请她母亲来参加几次我们的心理治疗，但是罗达反对。“我来学一学我妈说话。”接着罗达怪腔怪调地说：“唉！罗达，罗达，我可怜的女儿！要是让我来得这个病就好了，能跟你换个位置，我什么都愿意做！主啊，请让我跟我女儿调换位置吧，求你了！主啊，为什么这样的事不发生在我这老婆子身上？”

罗达模仿得惟妙惟肖，我忍不住笑了，她说她一点儿都没有夸张，她母亲就是这样子的。我也可以想见她母亲的痛苦有多深。

“那你是怎么对她说的呢？”我问罗达。

罗达回答说，她是很直接的，她说：“妈妈，我知道，白发人送黑发人十分痛苦，我都不敢想你看着我一天一天地衰弱是多么的难受。相信我，我自己也很难受，这个病很难熬。但是，你搞得好像是世界末日一样，对我一点儿帮助也没有。我想让你更多关注我有什么需求，少念叨你有多难受。就算是装个样子给我看，你也装一下吧。”

“啊，天哪，”讲完罗达叹了一口气，“简直不敢相信，当时我说话多么霸道，我都在教训我母亲。”停了一会儿，她充满智慧地说，“但得病的是我，不是她，所以我必须告诉她我有什么需求。”

在我们的共同努力下，罗拉越来越理解和同情她母亲，对于母亲很自我的表现，她也看得更清楚：那纯粹是焦虑恐惧的外在表现。她问母亲娘家有什么人过早逝世，母亲说她自己的母亲 47 岁就过世了，母女抱头痛哭了一场。

罗达学会了重视与母亲分享真实的感受，同时制止母亲的过度焦虑反应，因为这种焦虑反应让她内心吃紧。不管是跟母亲还是跟邻居，罗达学会了注意不让任何谈话影响她的兴致，加深她的焦虑，或者让她感觉沮丧。她学会了回避这样的谈话，把话题转换到其他事物上，或者尽早阻断这样的谈话。

“我没那么多时间了！”她告诉我说。

◎ 慢性病的挑战

淹没于恐慌和悲痛之中没有任何益处。罗达认真对待自己的苦难，同时尽可能明智地把生活过得充实。这不仅是慢性疾病患者面对的挑战，也是地球上每个人日常面对的挑战。

有趣的是，罗达的人生态度变得更积极乐观了，她开始有意识地选择做一些让自己感觉更好的事。有一天她向我宣布，她对积极乐观思维的重要性有了顿悟，虽然因为不是芭芭拉的某句至理名言。“上次治疗结束后我恍然大悟，”她说，“我不会对任何人说她可怜可悲、无能为力，或者说她怯懦软弱、注定悲剧，又或者说她太丑陋可恶，不配生活在这个美丽的世界上。如果有人这样说我，我绝对不轻饶她。那为什么我总是要这样说自己呢？如果我天天这样说自己，当然我就更容易相信这些恶毒的话！”

她决定不再把自己有限的时间花在无益的思考之中，这些无益的思考只会给她肉身的痛苦增加一层精神的折磨。她以自己的方式开始慢慢理解我们的心灵可以如此强大，我们的思维可以让我们感觉良好。她开始践习冥想，一天 20 分钟。她额外获得了更多的资源，更好地控制了焦虑和恐惧情绪。生物反馈、按摩、音乐、呼吸练习、心理治疗都对她有帮助，还有抗抑郁药、安定药，有用的她都利用起来了。对她帮助最大的，当然是关心照料她的人。

罗达给自己组织了一个治疗队，其中包括从未谋面的作家和专家，他们的智慧深深打动了她。她特别欣赏那些经历了慢性致命性疾病、残疾、重大伤痛的作家写的书，而对所谓应对恐惧和悲伤的方法技巧不感兴趣。她发现阅读那些“过来人”的亲身经历对她最有帮助。她还买了一台特别针对她这种身体残疾而设计的电脑，上网与世界各地有类似疾病的人交流。通过网络，她意识到，自己并不孤独，还有很多同病相怜的人，他们的故事打开了她的心扉。

◎ 假装的力量

有时面对痛苦，罗达能做的最好的事情就是任其痛苦。她选择面对自己的恐惧和悲伤，直接进入其中心地带，观察它如何在体内流动，任其肆虐，任其猖狂。对于罗达来说，最重要的是和她最亲密的人在一起，只有和她们在一起，她才能做真正的自己。

但是通过密切关注什么事物能让她心情好起来，以及什么事物让她难受，罗达也懂得了假装的力量，懂得了把注意力从恐惧和痛苦中引开对自己来说是多么有益。有时她勇敢地支撑起门面，迫使自己把客人请进来，即使她内心有所抗拒。有时感觉很糟糕，但她仍然挤出微笑，假装快乐。她发现，这种表演作秀能提振精神，假装勇敢快乐能激发她勇敢快乐的潜能。

善于倾诉恐惧悲伤固然重要，但创造性的假装做戏有时也是减轻负担的一种方式，它能使我们恢复幽默和快乐的本能，无论时光是多么磨人。

◎ “我是上帝之子”

罗达在一次治疗中宣布说，她找到了一个“魔法咒语”，一种立即见效的自我暗示，那就是“我是上帝之子”。

“真的吗？”我说，“就你罗达？你不是坚定的无神论者吗？”我太惊讶了，“你是怎么想到这个‘咒语’的？”

“我也不太清楚，好像是在电视上看到玛雅·安吉罗说过这样的话。”罗达回答说，“我每天早上看着镜子把它说一遍，说完我冲自己微笑，简单地重复几遍就能让我感受到这句话的真谛。”

“那么这句话的真谛是什么？”我问道。

“这句话里的上帝不是我们常常讲的上帝，那个严肃的长着长胡子的老人。”罗达解释道，“我把这句话与我自己联系起来时，感觉自己是这个浩瀚宇宙家庭的一部分，是宇宙生命循环的一部分。”她解释说，每当她感觉特殊、异样、孤独、无助时，都会重复说：“我是上帝之子。”

“这句话让我笑了，”罗达说，“主动把爱请进来，我有被爱的感觉。”

罗达停了一会儿，偷瞄了我一眼。“好啦，有什么话你就说吧，我是不是变成了一个新世纪多愁善感的傻瓜？”

• • •

年纪轻轻，身体器官功能就急剧衰退，直到连勺子都拿不起来，饭都吃不了，这个过程对罗达来说绝不容易。在生命的最后几年，她噩梦连连，梦中尽是恐惧、害怕、愤怒、嫉妒和悲伤。有时她焦躁不安、乱发脾气，人们再三劝慰才稍稍平息。

但她也有过很多美好的日子，体验过很多美妙的时刻。她很有尊严地带着病痛走向死亡，我说她活得有尊严，不是说她“看起不错”，不需要用纸尿裤，仪表整洁，表现平静、优雅、欢快，而是说她不断成长成熟，与爱她的人维持着联系，活得充实，努力实现了她生命中的所有可能性。她以更开放的心灵对待母亲和家人。她努力做一个“佛教徒”，敞开心扉好好度过当下每一刻，不再悲悼自己的不幸，不再让抑郁情绪笼罩每一刻。罗达从未改变自己幽默的性格，她甚至拿自己的病痛、死亡开玩笑。

在罗达的葬礼上，芭芭拉和伊芙琳都致辞分享了她们从罗达身上得到的感悟。芭芭拉说：“她教会我如何倾听，真正的倾听别人的话，而不是老想着说服对方，这是我一辈子珍藏的礼物。”

伊芙琳说：“她教会了我，行动起来登场亮相最重要。”

罗达去世前一个月说想有一个“精彩的葬礼”，不要哭哭啼啼和假情假意。她的愿望实现了，满屋子挤着人，葬礼热闹而严肃。她一定会很满意的。

◎ 培养态度

可怕的事情发生后，你既要尊重自己的恐惧和苦难，也要学会转移自己的注意力。你可以找到一种合适的方式，与人类大家庭建立更多的联系。罗达的方式是自我暗示“我是上帝之子”。林德伯格的方式是芥菜籽的故事。你要学会放弃自己与别人的比较，因为比较只会让你怨天尤人，抱怨人生之不公。

如果你试着持续关注自己所拥有的精神财富，你每天的生活质量能得到很大的提高。你也许得了致命的疾病，但这并不妨碍你欣赏从窗户透进的阳光。你站不起来，走不了路了，但你可以坐在外面，呼吸感受夜晚的空气。你还有深爱的亲人，珍视的朋友。最可怕的事情发生了，但你还可以观察虫子和鸟儿忙于它们的工作。身边触手可及之物就是快乐的源泉。

很多心理求助者跟我讲，每晚写一份“感谢清单”是一个很有益的仪式。“我能听音乐。”“我有一只猫，它无论怎么样都喜欢我。”“今天我还能看到蔚蓝的天空。”很多时候，好的效果是潜移默化的。乔恩·卡巴金曾说：“没有头疼不是你大脑皮层的头条新闻。”自然的状况不值得念叨，但是我们可以学着利用恐惧、痛苦、悲伤，把平凡的、正常的状况变成生活的焦点。

很多身体健康的人很确信地说，一旦失去了应有的“生命质量”，生活无法自理，他们就想从悬崖上跳下去。假如这一天真的到来了，他们不会真的跳下去，相反，他们会发现平凡中的快乐，在庆幸中期待着第二天的阳光。“啊，真棒！”骑在乌龟背上的蜗牛一定会这样说！所以你看，一切都是态度问题。

◎ 自然的恩典

培养态度的多种方式之一就是与大自然建立联系。我妈妈 47 岁时被诊断患有转移性肿瘤，听到诊断结果她吓坏了，因为她觉得没有她我不能健康长大成人。那时我 12 岁，有各种各样的麻烦。“我不能死，”我听到她打电话的时候说。“哈丽特还小，还不懂事。”

我从没想过我母亲会与大自然有什么特别深的联系。但是放射治疗结束后，她去了一趟美国大峡谷国家公园，深受自然美景的影响。她深深感到个人的渺小与微弱，这种感觉包裹着她。她死了也就死了，我总有一天会长大，该来的总会来。她并没有因为自身的渺小和宇宙的浩瀚而感到沮丧，相反，记住生与死的强大与神秘对她是一种宽慰。任其自然的态度给她带来平和的心境。

平和的心境让她安定下来。回到布鲁克林后，恐惧对她生活的影响就小多了。为了采取明智的行动，她也开始观察倾听内心的恐惧。同时她做好后事安排，万一自己不幸去世，就把我寄养在同在布鲁克林的舅舅家里，因为她知道我父亲没有办法独立抚养我。

母亲经历了所谓的超我体验，或者叫“灵魂超脱”。这是一个你无法“选择”只能在内部探寻的境界。十分矛盾的是，超脱来自充实的生活和开放的心灵。已故作家菲利普·西蒙斯35岁时被诊断为渐冻人，他曾说起这一矛盾，这种充实生活与任其自然的不可分割的结合。他称之为“学会失败”，他以此为名写了一本书。

> ……接受我们终将失去一切这一事实，是我们应对人生伤痛最有效的办法。学会失败，我们就懂得了只有放弃平常我们认为很珍贵的东西，例如我们的成就、抱负，我们爱的人，还有我们自己，我们才能找到终极的自由。

“失败的艺术”，不管你怎么称呼它，它都来之不易，有时来自全身心的投入，来自每天艰难的思索和精神修炼；有时来自大自然的恩典，就像我母亲那样。不管怎么样，我们首先要认可人无法控制生老病死这一事实。我母亲后来活到了94岁，我舅舅却在50多岁的时候死于一场车祸。死神不会按我们的预想或安排行事。

创造性地应对

如何才能平静心情，获得良好的生活态度，每天都有最佳的生活质量？方式方法因人而异。对任何你能找到的资源保持开放态度是很好的，因为有些能帮你应对灾难的事物是以惊喜的方式出现在你面前的。我有一位心理客户得心脏病后，发现自己有祈祷的深层次能力。他以前从没想过自己有在祈祷中获得平静的天赋。另一位心理客户无法忍受任何“佛教的、东方的东西”，但发现打坐冥想在她女儿生病的时候对她最有效果。

还有很多事情我们可以去做，帮助我们过上更好的生活。在《致青年心理治疗师》（*Letters to a Young Therapist*）一书中，作者玛丽·皮弗像恋爱中的女人描述自己的情人一样描述游泳，她说游泳唤醒了她的活力，治愈了她的伤痕，放松了她疲惫的心灵，让她返老还童。在水中她解决了最棘手的问题，回到了最快乐的时光。分析评论游泳运动的“原始本质”时，她写道：“人是水做的，最早的生命孕育在水里，通过游泳，我们又回到了水中。”简直可以说，“我认为没有什么运动胜过游泳。”

我把皮弗这番话发给一位家在克里夫兰市的朋友，她离婚又失业之后充满焦虑。我朋友自称是玛丽·皮弗的粉丝，高中时也是游泳健将，但是后来几十年没下水了。游泳以前是她的特长爱好，皮弗对水的热情应该会使她产生共鸣。“但是我到游泳池要 15 分钟，”她说，“而且换衣服、冲洗要花太多的时间，另外，我不喜欢穿着游泳衣见人，身材不好看，现在我绝不去游泳。”她也不去远足、跳舞、做按摩，或者做任何有助于心情转好的活动。

如果你自己没有动力，谁也帮不了你。躺在床上，冷得打抖，却不起来拿床被子，因为觉得自己太累了，这是没有用的，我们不能做这样的人。还没开始做必须做的事情时，大多数人会寻求专家的帮助。

接下来就是那个自律的小问题。几乎所有值得一做的事情都需要动力、勇气和实践的意愿。把大的目标分解成小的步骤，从第一步开始，一步一步来，这也很有帮助。来自堪萨斯州奥斯卡罗萨市的作家朋友罗·安·托马斯跟我讲了自己的经历，她46岁的时候胖到有生命危险，又被诊断出乳腺癌，她吓坏了，决定开始关注身体健康。几年后我看到她时，她减了85千克。“要减45千克或70千克，我想都不敢想，而减掉85千克，我做梦都梦不到。”她写道，“但是我知道，我至少可以减掉500克，这是可能的，做得到的，可以实现的。所以我只是减了500克，不过重复了190次。”

危机可以转化为机会，让我们过得更充实、更健康，让我们在重要的人际关系中做出大胆勇敢的改变。人生崩溃了，但我们发誓要更注意人生的细节，更仔细地重新过好我们短暂的人生。在人生的道路上，如果我们能保持自动巡航，就更多地生活在过去和未来，而不那么在意当前的苦难。就像有些保险杠贴纸上写的，“日子过得很好，希望我来过这里。”危机可以把我们敲醒。

当然，危机也是最艰难的时刻，我们很难在危机之中把注意力转向事物的美，很难提升一个我们没有打开局面的人际关系。危机引发焦虑，焦虑带来担忧和强迫性的思索，让你的大脑疲劳运转。如果我们在更冷静的时候就已经开启了认同人生不可预知性和不公平性的过程，那么就能更好地应对悲剧的降临。

那么为什么要等着上天给我们一个教训，让我们遭受巨大损失，让我们看到恐惧和人的脆弱呢？我们所有人都可以朝这个方向努力，过上更平和的生活，与家人、朋友、邻居保持真诚的联系，而不要朝远离、孤立的方向奔去。我们每个人都可以找到自己的芥菜籽故事，找到一个适合自己的“咒语”，找到使自己冷静的方式，让自己过得更有心、更有爱。

The Dance
●●●● of Fear

第11章

直面恐惧的勇气

缺乏勇气力量的支撑，我们就会任由恐惧、焦虑、羞耻蒙蔽最佳的自我。我们的生活因此变窄了，心灵变小了。阿内丝·尼恩写道："人生之宽广狭隘，取决于勇气力量之大小。"此言诚可信，没有什比勇气更重要了。

然而，勇气是什么？在这个崇拜动作明星的年代，我们很容易错误地认为，勇气就是不害怕，不存在恐惧。其实不是，勇气是尽管心存恐惧和羞耻但仍然能正常地思考、表达、行动。

在本书中我们看到了很多日常生活中表现出勇气的例子，也看到了勇气对我们提出的要求。我想请你思考一下，你在自己生活中是如何定义勇气的，又如何锻炼出更多的勇气。人世间任何值得做的事情都需要锻炼，勇气也不例外。

什么不是勇气

成长过程中，我觉得勇敢就是不害怕，那么类似地，怯懦就是恐惧害怕。由于这样的错误认识，我表现得既勇敢又怯懦，看你从什么角度在什么时候切入我的成长年代。

比如刚成年时，我常常无所畏惧。我最好的朋友马拉研究印度学，受她影响，大三的时候，我在印度待了一年。一到那里，我就把小心谨慎抛到了九霄云外。马拉和我从印度去了一趟尼泊尔，在尼泊尔，她提议说去一个偏僻的小山村，我心情激动跃跃欲试，也不管这个小村从加德满都出发要走一天，而且只能骑马，而我只在一次夏令营时学过骑马。更糟糕的是，我们的导游只会说尼泊尔语，而我们只会说一点点印地语，而且还说不好。走了几个小时，我们就找不到他了，也许他回家了。我们能活着回来讲这个故事已经是个小小的奇迹了。

因为年轻，所以我们感受不到悲剧或死神会降临到自己身上，我甚至不太把生病放在心上。在国外的那些日子，我得过许多病，包括疟疾和阿米巴肠病，我却觉得这些病让我的人生更丰富有趣。我写信给我母亲，跟她讲我在这边有趣的惊险经历，比如在果阿邦深夜坐出租车，下车时一脚踏进一米多深的水沟，被里面的毒蛇咬了一口，我母亲回信担心得要命，我却觉得她的担心多余可笑，干吗这么一惊一乍的？有什么好担心的？

我完全没想到，十年之后，自己做了母亲，我也变成了一个担惊受怕的人。有了孩子，我懂了恐惧害怕，突然间生活就像等在门口虎视眈眈的狼，只要我一不小心，狼就会冲进来，叼走我的孩子。看到我带孩子时谨小慎微担惊受怕的样子，你会怀疑眼前这个人跟那个在印度冒险闯荡天不怕地不怕的女孩是不是同一个人。你会以为那个猛女被外星人绑架了，换了一个长得一样但脑子完全不同的人。

是不是我学生时代很勇敢，生了孩子就变成胆小鬼了呢？非也，我只是在人生的不同阶段对焦虑和恐惧有不同的感受。年轻的时候，我看不到危险的存在，第一个孩子出生后，我对恐惧形成了一种过度反应，至少就生存的焦虑来说是如此。我也希望养孩子的时候我的神经传导能更放松一点儿，但是我控制不了，它本身就是这样。

勇敢的真正含义

无所畏惧虽然是值得羡慕的品质，但不能等同于勇敢，真正的勇敢需要你在恐惧害怕或极不情愿之时能鼓起勇气行动起来。我们每个人都在某些方面勇敢，在另一些方面不够勇敢。一天之内，人有无数方式展现出勇敢，也有多种方式表现得懦弱。构成勇敢勇气的要件，并不是探险电影或动作片里的英雄壮举。

你的好友准备到非洲爬乞力马扎罗山，而你的邻居每个暑假在他的房子和院子里忙活，不要想当然地以为你的好友就比你的邻居过得更勇敢。待在家里的人有可能生活在恐惧和焦虑的阴影之下。但是，在她的生活中，家庭、工作关系也许比你想象的丰富得多、复杂得多，在厨房、工作室、花园也可以进行试验探索，也是需要探险精神的。也许她勇敢地坚持了自己的政治立场，或者在人际关系中做出了艰难的决定，这个决定是一次大胆的冒险，威胁到了人际关系的现状，让她迟疑害怕，但她最终下定了决心。而你的那个朋友，那个不怕死的攀岩爱好者，也许完全失去了自己的声音，不敢跟父母谈困扰她的心事，陷入困境时不敢求助，在关系切身利益的问题上不敢公开质疑批评，不敢表达不同观点。

个人内心无形的勇敢之举，外人是看不太到的。什么构成勇敢之举，不同的人有不同的看法，甚至同一个人在不同的时候都有不同的理解。在某种情况下，勇敢也许意味着充分发泄自己内心郁积的愤怒，而在另一种情形下，勇敢又意味着你必须全力克制掏枪开火的愤怒和冲动，鼓足勇气，以温和的方式开启艰难的谈话。

我们无法从外部衡量勇气，因为勇气来自内心。比如，最近我上了一次夜课，到女监狱讨论愤怒问题，其间也涉及了一些服刑女囚犯和监狱管理人员之间的敏感问题。我跟朋友提到我的这次经历时，她惊叹道："哈丽特，你真勇敢！"事实上，我那天晚上真的相当勇敢，对此我应该感到自豪，但我说的勇敢并不是朋友说的勇敢。

让我感到自豪的勇敢之举是那天天黑之后，我自己开车到那个监狱，尽管我之前没有去过那里，本来可以叫人送我去。而给服刑人员讲女性的愤怒，这个项目对我来说没有什么特别的，并不会引发焦虑，也不需要我鼓起勇气硬着头皮上场。晚上一个人开车去一个不熟悉的地方倒是一个大胆的冒险，因为我已经几十年没有做这么冒险的举动了，想到大晚上一个人开车我就浑身颤抖，近乎瘫痪。所以对我来说这才是真正的勇敢。

我认为勇敢有几个要素。首先你必须明确自己真正的目标、价值观、信仰和行动方向。也许直觉告诉你，你要报一个舞蹈班，主动跟弟弟交流谈心，重新审视你与母亲之间的一件痛苦往事。也许你的本意是培养更好的夫妻感情。那么，你就必须行动起来，而且要不断努力、绝不放弃，即使你碰到了来自内部或外部的不可回避的抗拒。我们看几个事例。

说还是不说

1972年我来到堪萨斯州托皮卡市，在梅宁格基金会的自助下做博士后研究。我加入了梅宁格基金会，成了这家大型心理治疗中心的唯一一个女权主义者。我之前在伯克利大学，到伯克利大学之前一直在纽约长大，这些地方女权主义已兴起，但我深处其中感觉不到。回想起来，那时候我就像在梦游一样，也许我处于昏睡状态，但是一旦置身于托皮卡市保守的心理治疗机构时，现实需要是意识理解之母，我一下子就感觉到了。

在这个夫权父权主导的地方，每遇不平与不公，特别是女性遭受的误解和不公正待遇时，我都会勇敢地站出来，抗争到底。这就意味着我总是会站起来冒犯权威，而且这条战线上只有我一个人。很自然地，我不久就获得了“基金会女权主义者”的恶名，没人再听我说话，他们好像在说，“诶，你看，又是她，她又来这一套了。”我还花了很多精力，想方设法教育开导那些比我资历更老的同事们，回想起来，这个难度和改变父母的老思想差不多。

我能坚持表达自己的信念主张，按自己的原则信条为人处事，有时要牺牲很多个人精力，这的确是勇敢之举。但如果只是发泄怒气、表达抗议，那并不需要巨大的勇气，因为这只是你在某些场合下应激的自然反应。我很容易冲动，很容易陷入复杂的情感问题，情绪激动时，我会把一件事说上七七四十九遍，怕对方四十八遍都听不懂。我一般不怕冲突口角，怕的是想说不能说。很多时候我想说话或者觉得必须说出来，而又决定不说，是最紧张、最难受的。

◎“别老想做事！站在那儿别动！”

在这样的职场氛围中，我的勇敢就表现为，我必须努力克制自己，不要站出来说话。很多时候有些话如鲠在喉、不吐不快，而我要克制自己不在错误的时间表露出来，要细致地考虑什么时候以什么方式对什么人说什么合适的话，对我来说太难受了。分清工作场合中真正要完成什么工作，知道在完成艰巨目标过程中如何掌握行动策略，而不是随性而来，这是需要勇气的。

我保持沉默的勇敢之举有哪些呢？受到不客观的批评，被人误解，是引发我情绪激动的主要因素，我的自然反应是跳起来与人争辩是非对错。站在旁边默默地听人讲话，对我来说需要巨大的勇气，因为这就意味着我要忍受别人的批评，但是这也意味着我在理解别人，把握对方负面的反馈。我努力做到了，我先为自己能想到的错误道歉，虽然这个错误可能只是一个误解或者夸大。道歉之后我才陈述自己的观点看法，不是自我辩解，更不会针锋相对地责怪批评我的人。

我也不再把每次不公都放在心上，而只在一些对我关系重大的问题上坚持清晰的立场。我学会了“趁冷打铁”。就在要跟别人打起来的时候，我会说：“我要一点儿时间理一理思绪，我们换个时间再讨论这个问题吧。”我努力低调回应，低调处理一些让人情绪激动的情况，这能创造更平静和谐的工作关系，紧张的气氛和强烈的情绪是导致职场功能失调日益恶化的主要动因。人们常说：“别老站在那儿不动！做点事！”而我在工作中情绪激动的时候，得把这话颠倒过来——“别老想做事！站在那儿别动！”我会把这话作为自己的座右铭。

勇敢之举，无论是对个人的还是对社会的，都要求下定决心选择进行健康明智的举动。不是说昂着头闭着眼往下跳就是勇敢。很多时候，做出改变的勇敢之举需要细致考虑、精心策划。克制言语，选择沉默，以更有效地改变现状，为此我付出了所有的勇气。

◎ 沉默的代价

我的一个朋友叫山姆，他在美国东海岸工作，也是一位心理治疗师。他在工作中面临的挑战刚好跟我相反。他在一家大型的心理分析机构工作，职位很高，有一定的决策权，但是他的焦虑心理让他沉默。紧张焦虑的时候，他的自然反应是妥协退让避免冲突。他尽量避免表达不同的主张，避免成为别人愤怒和批评的对象。

对他来说，单位就是他的“家”。他害怕因为表达异见而威胁到自己在这个“家”中的地位。比如，山姆对灵性产生了浓厚的兴趣，想把它运用到精神分析之中。害怕那些“科学”且保守的同事反对他的做法，所以他只把这个想法保留在自己心里。他担心这样做别人会觉得他很怪异，因此失去别人的信任。

山姆保持沉默还有一个因素，那就是羞耻，虽然他不承认这个说法。但是我们对自身不足的恐惧和担忧，背后总是隐藏着羞耻。他的工作环境像我的一样，强调言语表达。他单位里一些专业人士口才很好，幽默善辩，他们讲的一些话，山姆都想写下来，平时读一读都觉得有趣。但是山姆没有像他们这样的口才，山姆的天分是灵活创造性的思维。

山姆在单位爬得越高，就越感到开会的时候分享一个不太成熟的想法很困难。想法没有完全成型，他就不敢说出来，这就意味着他很少表达自己的想法。有一次他跟我说，他真的希望能像我一样，年轻时候我就发表了一些东西，因为他等得太久了。“等什么等得太久了？”我问他。山姆解释说，现在他作为高级心理分析师，每次想发表一些看法，都要考虑它是否“有意义”，这种期待阻碍了他写任何东西。

山姆自己说想成为一个更有冒险精神的人，做更真实的自我。他常跟我说他的同事们是多么正式死板，说自己多么想看到一个灵活有创造力的“智囊团”，人们可以天马行空地自由思考讨论，不用担心自己表达得没有别人出色。有时候，山姆说想辞掉现在的工作，跟朋友一起到加州帕罗奥图市开办私人的实践工作室。但是他不敢辞职，他不敢在他唯一的一份工作中冒险站出来提意见。

山姆也表达了其他一些我们都能产生共鸣的恐惧担忧，例如担心自己表现得不够好，担心自己不能过上充实有意义的生活，担心自己不能真正获得成功。他经常跟自己的治疗对象说，人生的旅程在于开辟自己的道路，不要盲目地跟着别人，不要走别人走过的路，迷信别人指的道路方向。但是山姆自己让恐惧和羞耻阻碍了自己的人生道路选择。

更准确地说，山姆刻意回避困难的情绪是问题的根本所在。他没有尝试着做出新的表现，因为他害怕这些新的表现举动会引发羞耻和恐惧，所以他不知道自己可以感受这些情绪并设法应对克服它。勇敢要求我们直面这些不速之客，因为可以预见它们将在其他新的领域出现。试图回避不良情绪的心理倾向，要求我们拿出勇气。

补充说明：山姆现在 65 岁左右，从单位退休之后正在写一本关于灵性的书。他告诉我说，能以自己的方式做自己的工作，感觉好极了。当然，他也很清楚自己以前放弃了很多机会，感叹时间流逝之快。他意识到如果早年能直面自己的恐惧，勇敢地向保守的同事们表达自己真实的想法，那么他就能更早地“做回真正的自我”。正如作家玛莎・贝克所言，每一个生存在自己命运之中的人，都有恐惧常相陪伴。

挑战权威

在一个不平等的权力结构中，特别是你在其中受到当权者的羞辱时，坚持自己的话语权需要莫大的勇气。比如我的客户玛戈特，第一次见到她时她在读高三，是一个很聪明很有活力的姑娘，而且善解人意，很能体贴人。但她也是常常深陷抑郁之中，后来被诊断为躁郁症。大学一年级时与男友分手后她曾经尝试自杀，毋须说，对于玛戈特而言，那是地狱般的一年，也着实吓到了深爱着她的家人。

寒假回到家，她去见了高中时最喜欢的老师，这位老师是她的良师益友，深信她未来必有大发展。询问了一下近况，老师说："听到你想自杀，我很难过，玛戈特。坦率地说，我对你感到失望。没想到你会做这样的事，以前不觉得你是这样的人。"离别的时候，老师热心地拍了拍她的背，说："我怀念以前的那个玛戈特，我知道这个坚强的玛戈特还藏在你身上某个地方！"

玛戈特受了足够多的折磨，正在和我一起共同努力、奋力挣扎，以保持自己的力量和能力。听了老师的这些话，她感到很受挫，因为这个老师是她最尊敬的老师，以前给了她很多关怀。而现在他却因为她外在的"弱点"而责怪她，让她把自己视为"那种会做这样事情的人"。哪一种人呢？他说的"这样的事，"又是指什么事？另外没有什么"新的""老的"玛戈特，只有一个玛戈特。她感觉就像撞上了一辆卡车。

这个 18 岁的女孩自尊本已严重受损，她给老师写了一封信，告诉他上次的交流给她留下了怎样的感受。信的初稿是冗长的抱怨，从研究自杀的文献中旁征博引、据理力争，倾泻着自己的愤怒。如果玛戈特写信的意图只是向老师展示自己强烈的感受（或者说就是为了反戈一击），这封信就达到了目的。但是我在治疗中问玛戈特时，她却明确地说写信的初衷是让老师理解，他没有权利说这种伤人的话。

当然，我们无法迫使别人理解某样东西，也不能迫使别人为自己的错误行为感到难过。但是，鉴于玛戈特本身的意图，这封冗长且情绪激动的信只会把老师吓跑，逃离两者之间目前的关系。他肯定会反映强烈，自我防护，除非他修养极高。如果我们责怪那些责怪我们的人，羞辱那些羞辱我们的人，那么他们会把自己包裹在各种理由和直接否定之中，回避责任感。另外，有戒心的人不太会读这样冗长的批评信，所以我经常训练人们“长话短说”。所以我怀疑玛戈特的老师对这么长的批评信最多只扫一两眼。

所以玛戈特选择了一条更勇敢的道路，给他写了一封只有三个自然段的信，但是这封信他没那么容易搁在一边，置之不理。她在信中说：

> 您一直是我人生中最重要的人，所以我回来看您，希望得到您的帮助支持。您说我让您失望，似乎我就是某个失败的典型，这让我受到了深深的伤害。离开您的办公室时，我感觉自己更渺小了，达不到您的标准和期待。也许您自己就是这么想的，但您这样说我，对我没有任何帮助。我同样需要告诉您的是，我不认为曾经想自杀就证明我很差。

在这封大胆的信中，玛戈特留给了老师审视自己言行的机会，让他为此负责，进而做出道歉。她保留了弥合两者关系的可能性，鉴于他对玛戈特曾经如此重要，她这样做是有道理的。果然，他打电话给玛戈特并向她道歉，解释说他的话是出于内心的担忧，担心失去玛戈特，因为几年前他曾经有一个学生在大学一年级的时候自杀了。

老师及时地做出了回应，老师的道歉其实并没有那么重要，重要的是玛戈特写下了那封信，勇敢地表达了自己的想法。一个高中刚毕业的学生，刚刚经历了失恋的痛苦和压抑，差一点儿束了自己的生命，现在敢于反驳她生活中如此重要的权威人物——让他知道，她无法接受他的看法，不会受他影响而把自己曾经想自杀的举动和陷入严重抑郁的状况看作可耻的、错误的、懦弱的表现。这是何等的勇敢之举！

勇敢不是对人暴跳如雷、横加指责、威胁断交，也不是空投落地、突然袭击、打完就跑的对抗。刚好相反，真正的勇敢要求你周密考虑、细心计划，把曾伤害你的人请回来，回来与你交流对话，让双方坐下来开诚布公，推心置腹地解决问题。这就是玛戈特选择的道路，这是一条艰难的路，远比毫不克制地发泄情绪更让人畏惧、焦虑。

恐惧本身不是问题所在

细心体会，你会发现，在日常生活中，并不是恐惧阻碍了你勇敢地去做真心想做的事。回避的心理才是问题的关键所在。你想感觉自在些，不想心里那么难受，所以你尽力回避做那些会引发恐惧或其他不良情绪的事。回避会在短时期内让你感觉不那么脆弱，但是回避决不能让你更胆大或不害怕。

◎ 当丝丝习惯拧成粗绳

回避心理可能指向某个具体事物，比如汽车、绿色的鹦鹉，或者人群。我们可能会回避某些具体的挑战，比如开启一个引发焦虑的谈话，开口说可能得罪人的话。但是回避心理可能会变成一种行为方式。

就拿吉尔来说吧，她来找我的时候 31 岁，已婚，第一次治疗她跟我说“害怕所有的事”。进一步观察后她才意识到她并没有把恐惧请进门——问题就在这儿。就像她自己说的，“当我要进入一个新环境的时候，比如参加一个瑜伽班，感觉就像有一块磁铁，把我拉回家里，只有在家里才感到自在。”过了一会儿，她沉重地说，“我总是还没到一个新的地方，心里就盘算着怎么回去。”

有句谚语告诉我们，习惯的养成始于蚕丝，蚕丝不知不觉地变粗变厚，最终拧成了坚韧的绳索。吉尔紧紧地抱住习惯性的行为不放，习惯就牢牢地控制她，所谓积习难改。对她固定的生活模式做最微小的改变，她都极力回避。她都记不起什么时候曾勇敢地抓住新的机会，接受新的挑战，因为她一接触到新的机会和挑战就挣扎着要回到熟悉的环境中。在我对她的治疗中，吉尔开始练习容忍焦虑和不安。她改变了每天的行走线路，到餐馆的时候尝试着点一些没吃过的菜。她最大胆的尝试是和朋友跑到伦敦去旅游，虽然她每天醒来都想取消行程，打包回家，但还是坚持下来了。吉尔有意地引入焦虑的心情，通过尝试各种新的可能性，锻炼对焦虑的适应能力。

吉尔刚来治疗时，牢牢地把自己固定在舒适生活的范围之内，回避任何不快的情绪。她来找我是希望我能帮助她，让她变得“没那么焦虑”。正如你在本书前文中看到的一些案例，勇敢要求我们进入那些我们之前回避的场合，大胆地变得更焦虑。吉尔勇敢地把自己拉出安全地带，开启了一个全新的、更广阔的生活空间。

◎ 不是一个码子所有人都能穿

人一方面需要安全、舒适、可预见性，另一方面又需要探索冒险、发展成长。我们总是在这两者之间努力寻求一个平衡。找到这样的平衡，没有一个适合所有人的方案，甚至没有一个方案在任何时候都适用于同一个人。一如既往，陷于焦虑驱使的心理极端是有问题的。

在一个极端，我们不想做任何改变现状的事。对稳定、安全、可预见性的需求统治了我们的日常生活和决定选择。如果我们或者我们的家人“行动太快”，这种改变会让我们感受到威胁或者背叛。我们会在熟悉和习惯的生活模式中寻求安全感，正如吉尔一开始所表现的那样，似乎我们忘了，生活总是一个发展变化的运动过程，没有任何东西可以一直保持原样，没有任何东西可以维持到永远。

另一个极端同样是有问题的。我们选择新的、不一样的事物，是因为我们急于扎根下来，检验自身的能力，看能否加深与某个人、某个项目、某个地方的联系。我们可能会回避做出承诺，回避遵守承诺。我们可能喜欢开启事业，却不能坚守事业。我们可能无视这一现实：我们所珍视的东西，需要我们努力保护维护；真正的勇敢有时需要我们克制自己奔向新环境的冲动。

平凡的勇气

30 多年的职业生涯中，我看到许许多多普通人展现出来的巨大勇气。人们感到恐惧，但他们做出了正确的选择。有时，他们走上了正确的道路之后才开始感到恐惧，但他们仍然坚持不懈。

对很多人来说，下面的行为也许并不是什么英雄壮举，甚至不值一提。不是冲进火海，舍己救人；不是开启一个痛苦的谈话，比如与家人谈曾经受到的虐待；也不是坚持原则、坚定立场，不惜牺牲现有的职位，失去现有的工作。但是，下面的这些行为需要极大的勇气，大胆地探索新事物新环境，同时要抵制内心强大的惰性，因为这种惰性会把你拉回到习惯性的、安全的、旧有的生活方式中。

- 在激烈的夫妻矛盾中，女方突然不再争吵，决定以后跟丈夫对话只询问不辩解，努力理解对方的观点。这样她就从一个争辩者的角色转换到了旁听者的位置，从真假是非对错的纠葛中摆脱出来。
- 一个处于离婚痛苦中的男人，在打网球的时候向搭档讲述自己的故事，而他刚认识的这个网球搭档也离了婚。这是他有生以来第一次向一位男性朋友袒露内心私事。
- 一个男人的母亲来访，他特意请两天假陪她，而不是只让他的妻子招待他母亲。他安排一整天，单独陪母亲出游，以更好地了解和关心母亲。
- 对于经常对自己横加指责的丈夫，妻子守住了底线，她说："我爱你，我想做你的人生伴侣，但是你这样对我说话，我是听不下去的，你对我说话要有尊重，不然我们无法交流。"之后她都坚持了这一立场，拒绝在与丈夫的对话中牺牲自己。
- 男人在吃早餐的时候跟妻子说："我在想昨天我讲

> 的话，”他接着说，“我错了，对不起。”而在这之前，他什么时候说过这样的话……他已经想不起来了。

我鼓励人们在任何必要的情况下拿出自己的勇气来。如果我带领团队进行户外活动荒野探险，我相信我会更适应另外一些不同形式的勇敢——勇敢地准备艰难地攀岩爬山；在害怕和疲惫的时候，勇敢地继续往上爬；勇敢地相信你自己，信任你的团队；勇敢地承认内心的恐惧和自身的局限，勇敢地说：“我爬不上去了，我得下山回营地了。”但我不是登山探险家，职业兴趣让我更多地关注人际关系中的勇敢之举——在重要的关系中观察自我改变自我的勇气。

勇敢的方式有很多种

虽然我们经常把勇敢视作个体的无畏之举，但是也有我们可以区分的类别。下面是我总结的一个清单。

一是付诸行动的勇气。本来想回避的事物，我们勇敢地接受它的挑战。比如我们坐飞机，面试一个工作职位，买辆自行车，上午拿出一些时间来写一点儿东西，报名参加一个西班牙语课堂。

二是敢于说话的勇气。比如，发表不同意见，分享真实感受，处理一个痛苦的情感问题，吐露一个家族秘密，说出真相，等等。在一些对我们很重要的问题上坚定一个清晰的立场，明确表达我们能做或者不能做的界限。我们表达倾诉，意图不是发泄或让自己舒服自在，而是做最好的自我，即使说话时我们的腿在颤抖。

三是提出问题的勇气。我们提出问题，询问家族历史中让我们紧张焦虑或者难以启齿的情感问题。我们向人生伴侣提出问题，以更深入地了解他们。当我们深爱的人受苦受难，我们应该让他们讲述自己的故事，无论有多痛苦多艰难，而不是简单粗暴地说，我不想再听这话。我们还会继续问："你还有什么要跟我讲的呢？"

四是侧耳倾听的勇气。我们以开放的心灵侧耳倾听，带着理解的意图认真思考。我们倾听对方，不是为了反驳他们，不是为了为自己辩护，不是想着去教训、改变或"搞定"对方。我们有意选择沉默，克制言语，抵御如鲠在喉、不吐不快的冲动，不在错误的时间发表错误的言论。

五是独立思考的勇气。我们明确地坚定自己的信念，不让家人、朋友、伴侣、治疗师、同事的言论左右我们的是非观。即使在意见、观念、信仰上完全孤立，我们也要抵制盲从心理。

六是承担责任的勇气。我们真心地为自己不那么体面的行为负责，即使这样做有损于我们珍视的自我形象。

其他形式的勇敢也可能发生在你身上。比如，追求爱情、勇于创造的勇气；了解他人和让他人了解自己的勇气；认真审视自我的勇气；在人际关系中展现真实自我的勇气；慷慨大方、宽容忍耐的勇气；开放思维的勇气；开放心灵的勇气；尽可能过好自己生活（而不是其他任何人的生活）的勇气；遵守承诺的勇气；灾祸发生在你或你的家人身上时，经受磨难、忍受痛苦的勇气；通常所说的英雄壮举中表现出来的勇气，也就是为信仰甘愿牺牲自我的勇气；艰难度日的勇气。

有时候，你能做的最勇敢的事就是呆呆地坐在那里，任由他人好言相劝或威逼利诱，我自岿然不动，因为你还没有准备好，还没有清晰的行动方案。当你做好了充分准备，勇敢就要求你立即行动起来，直面你原以为无法面对的恐惧和不安，然后你会发现自己完全能够应对。正是那些叫不出名字来的、极力回避的、无意识中传递给别人的焦虑，封闭了我们的心灵，扭曲了我们的思维，限制了我们获得广阔人生的可能性。正如作家苏·格拉夫顿所言，“如果你感觉没什么让你畏惧，那是因为你不够努力。”

非凡的勇气：直面羞耻

前面我们已经看到了羞耻是多么的摧心伤身，看到了羞耻如何驱使我们躲藏缄默，掩饰自我。羞耻出现时，我们要勇敢地行动，需要非凡的勇气。因为人们为了逃避羞耻或躲避可能引发羞耻感的场合，几乎什么事情都做得出来。揭开伤疤、体验羞耻，太困难了，即使对于那些不惧危险敢于赴汤蹈火的人来说，也是如此。

男性和女性处理羞耻的方式不同。总体而言，男性对羞耻宽容度更小（虽然有很多反例），也许是因为他们从出生开始就对自身另一半的人性感到羞耻，这一半的人性就是所谓的男人女性化的一面，包括任何脆弱或软弱的感受体验或行为表现。通常男人能够忍受羞耻的时间不到一毫秒，他们会立刻把羞耻转化为更“男人”的表现，比如暴跳如雷、蛮横霸道、贬损羞辱。

炸弹爆炸，流弹横飞，无辜的人们遭受杀戮，妇女儿童安身立命之家变成了恐惧和屈辱汇聚的危险之地，这都是男性好斗心理造成的恶果。以这种心理，羞耻很快会发酵成攻击和复仇的欲望。同时，恐惧导致心理狭隘，从而忽视更广阔的事件背景，狭隘地聚焦于“谁先动手，谁先开骂”这样愚蠢的问题，其根源来自“全善”“全恶”的心理趋势。我们再次看到，并不是恐惧感和羞耻感本身造成了在个人生活和公众领域内发生的可怕事件。相反，可怕事件的发生是由于人们盲目地拼命想摆脱或逃离这些痛苦的情绪体验。

女性也会把羞耻转化成蛮横霸道，但是在更多情况下，女性倾向于忍受羞耻，内化羞耻，结果是造成深深的缺陷感和痛苦的孤独感，感觉自己丑陋、无能无助。面对羞耻，采取明智的行动需要非凡的勇气。下面关于贝拉的故事告诉我们，羞耻感很容易将女人拽入悲观消极、颓废无为的状态。她的故事也告诉我们，遵循真实的感受，以真正的信念行事，女性可以从这种状态中摆脱出来。

◎ 快乐的高中同学聚会

贝拉正计划到密苏里州一个小城参加高中毕业十周年聚会。作为这次大聚会的筹备活动之一，参加者都要交一份稿子总结一下“高中毕业以来的生活”，然后做成简报，发给所有的参会者。贝拉写的稿子里提到了她的婚姻，她获得的新闻学学位，她庄园里的牲口，还有失去女儿的悲痛。这个女儿取名安娜，4 个月 10 天大的时候夭折了，死于脑膜炎。

贝拉收到简报的时候，震惊地发现她写的关于安娜夭折的事被删掉了。她打电话给聚会活动负责人，他们一个推一个，最后联系上学校教导员，给了她一个解释：大家达成了一个“共识”，不把可能让其他同学不快的文字材料放进去。

贝拉怒火中烧，义愤填膺地争辩道，这就是她的人生，这是真实的，是真正发生在她身上的事。同时，她跟教导员说，从她新闻从业者的角度来看，这种做法就是报刊审查，从个人权利的角度来看，这也是不对的，更不要说事先没人跟她说关于她女儿的那段材料要被剪掉。贝拉能把这个问题提出来需要巨大的勇气，她是个内向的人。

这个人没有听她的话，还继续羞辱她。“当然啦，你可以自由地选择你想讲给别人听的故事，”他先肯定了这一点，“但是我们没有必要把你个人的痛苦公之于众，同学聚会是一个庆祝，我们希望每一个来参加聚会的人都像是来庆祝节日一样。”

到我这里接受治疗时，贝拉的愤怒已经消融为泪水浇灌的无助，而她得羞耻感已经大到整个房间都装不下了。在伤心的啜泣中，她跟我说肯定不会去参加同学聚会了。现在她可以想象得到，如果讲夭折女儿的事，班上同学都会带着怜悯的眼光看她，或者在背后说她闲话。但是她想，如果她不能讲述自己亲身经历的真实故事，那去参加这个聚会有何意义呢？

贝拉还在号啕大哭，她跟我说憎恨自己没有完成这个世界上最重要的事——把子女带大，而现在呢，她都怀不上孩子了。她哭着说感到自己精神受损，想要从生活中消失。一切活动都变得无比艰难，一切都不值得去做。

那次谈话，她一直在哭。我看到的是贝拉悲痛的泪水，但我观察到的是一阵阵的羞耻。她不住地抽泣，我在旁边静听。她离开时，我从书架上取下一本书交给她，书的名字叫《在阴暗情绪中痊愈》（*Healing Through the Dark Emotions*），作者是米丽亚姆·格林斯潘。我在该书作者分享自己故事的那一章作了记号，这个故事很符合贝拉的情形。

格林斯潘自己曾经面对类似的艰难决定。她怀孕时参加了一个准父母小组，这个小组正举办产后亲子聚会。她的儿子亚伦只活了 66 天，这 66 天一直在医院。“这是一个自豪的父母带着他们两三个月大的宝贝参加的聚会，”格林斯潘写道，“收到邀请，我哭了。”

当然她没有理由参加，她怀里没有孩子。但是当她想到要打电话给这次活动的主办人（也是一位新妈妈）表达她的遗憾时，她心情无比沉痛。去与不去的念头一样会触发她的伤痛，所以她犹豫不决。她内心真正想做的是带上亚伦的照片，参加这次活动。“我这样做，是想跟大家说，没错，我生了这个孩子，那他就永远是我的孩子。”她不想抹掉孩子曾经来到这个世界的事实，所以她想去参加这个活动。但接着她又想，不行，她不能这样做，这样做对一群新上任的父母不好，怎么能把死亡这个话题带到分享快乐新生命的场合呢？

但最后格林斯潘还是去了，因为她知道待在家里会让自己陷入深深的孤独之中。她写道：

> 我打了电话，向他们解释了我的困境，但他们还是欢迎我参加这个聚会。我向他们展示了亚伦的照片，告诉他们亚伦的名字，讲述了他的脾性和性格。我在悲痛中感受到了新生的美丽。我走得早，回来的时候，长长地舒了一口气。我没有让悲痛的心情控制我，这是一次小小的胜利。

格林斯潘本人是国际知名的心理治疗专家，她分享自己这个特别的人生经历是想告诉我们，不能让悲痛阻止我们去我们想去的地方、做我们想做的事、说我们想说的话。受到作家榜样的启发和鼓舞，贝拉把安娜的照片带到了高中同学聚会上，根据自己当时的心情，决定要不要展示给大家看，要不要分享女儿安娜的故事。她把安娜的照片给了几个人看，向他们敞开心扉，获得了他们的理解和关爱。

参加这个同学聚会让贝拉褪去了羞耻这层皮，重新获得了健康的心理状态。活动结束之后，她确定了那个删除女儿故事的负责人就是学校的教导员，是他本人擅作主张从简报中删除了讲述安娜的那一段，这并不是同学会的“共识”。她给他写了一封正式的抗议信，并把抗议信转发给校长和校友会理事主席。从自身的立场出发采取这些行动，对贝拉来说是一场伟大的胜利。

幸福与不幸：通往勇气的康庄大道

虽然别人能帮助我们鼓起勇气，但有时候我们只能完全靠自己来发现深藏体内的勇气。如果我们愿意对自身的情感体验保持开放的态度，那么个人的幸运与不幸都可以成为通往勇气的康庄大道。

◎ 快乐之馈赠

芭芭拉和吸毒酗酒的男人斯科特生活了很多年，这段婚姻充满了吵闹、威胁和厮打。芭芭拉无数次试图让她丈夫持续接受治疗，戒毒戒酒。但她一直不能坚定立场，坚守底线。直到最后一个晚上，她听完音乐会，坚信她要脱离斯科特，决不妥协，直到他戒酒戒毒，接受长期治疗。

芭芭拉如何做出了如此巨大改变，从抱怨指责到勇敢地坚定立场，永不回头？她谈到了那天晚上她听的音乐会，音乐如此美妙动听，似乎让她重新获得了快乐的潜能，让她突然感到目前的状况是多么的痛苦和不可忍受。这样她就发现了一个深藏的真理：任何给你带来快乐和热情的事物都能鼓舞你的勇气，提升你的行动能力。

◎ 不快之馈赠

一般的不幸也能启发我们做出勇敢的变化之举。我的作家朋友南茜·皮卡德说：“不幸之中深藏宝藏，所以现在我学会了从中发掘它的价值。”南茜 20 多岁的时候有一份不错的工作，钱也赚了不少，但就是不快乐。这份工作不能让她发挥创造力，让她感觉很拘束、很失落。南茜任由自身的不满足之感发酵，最终辞掉了工作，和男友到欧洲旅行了 3 个月。回到家之后，她想出了一个大胆的计划，决定以后做自由撰稿人，不再去找文职工作。“正是不快乐的心情把我带到了目前这个状况。”她说，“现在我知道了，不快乐之感也能给我勇气力量，为了获得这种勇气，我必须放开自己，让自己充分感受这种不快乐。”

7 年之后，自由撰稿也感觉没有多大意思，南茜又不快乐了。她意识到自己真正想做的事是写小说。她说：“我知道我能够压制自己的不满，或者我也可以屈服于它，就是让自己感受每一寸的不满与不快，这样就能点燃我下一步的行动。”她也是这样做的。她谢绝了所有的约稿，全力投入小说创作。20 年之后的今天，她成了一位完全独立的小说家，名下出版著作 17 本。

这个故事告诉我们的道理，不是说如果你不快乐、辞掉工作，就同样能变成著名的畅销书作者，而只是说，你应该勇敢地认可并重视自己的不快乐之感，如果能做到这一点，不快之感就能帮你变得更勇敢。正如南希上次聊天时跟我说的，“我相信，不快乐来到了你身边，那勇气也就离你不远了。但是如果你不让自己迎接并感受已身处其中的痛苦，你就收不到它的馈赠，也就没有足够的勇气做你想做的事。”

如果你忽视了每天细微的不快，也不要担心。生活中总会有货真价实的悲惨与绝望给你敲响警钟，让你无法忍受当前的某份工作或某种关系。感谢上天，给我们各种磨难和病痛，让我们保持清醒，把我们带回自身的现实之中，发出信号，要求我们做出改变！当现状之痛苦让我们无法忍受，我们总能找回勇气力量，一寸一寸地前进，或大踏步向前，无论此时我们有多么恐惧。而且不要小看“一寸”的进步，因为我们生活中做出的每一次勇敢的变革，真正重要的不是移动的速度，而是朝前看的方向。

谁给了你勇气

纵观本书，我分享了很多男男女女的故事，他们直面恐惧和羞耻，探索汲取勇气。通过倾听别人的故事，我们就这样学习、成长、成熟。勇敢的榜样天然地吸引着我们，因为我们很想知道勇敢是什么样子的，我们想确信自己也能做到。

我们都需要榜样模范，他们通过分享自己的勇敢与怯懦启发了我们，鼓舞了我们的勇气。同样，我们自己也可以成为别人的榜样模范，启发鼓舞他们的勇气。我在写《妈妈的意义》(*The Mother Dance*)[⊖]的时候，一些同事读了我的稿子，说我大方地分享了自己真实的经历，他们感到很担心。我在该书一开篇就明言：对我来说，做一个母亲就像做一个宇航员一样，来得自然贴切。同事们警告我，我讲述的个人故事很清楚地表明，当我变得很焦虑、很生气时，我的脑子就变

⊖ 本书已由机械工业出版社出版。

成了一团糨糊，这样我就会失去作为一个家庭关系专家的可信度。

但是自从《妈妈的意义》出版以来，读者无一例外地向我反映说，正因为我在书中分享自身的弱点、局限，讲述“坏妈妈的日子”，他们才感到深受鼓舞，能够保持活力，轻松呼吸每一天。其实这也不奇怪，如果在一本子女抚养指南中，作者总是讲自己如何轻松自如毫不费力地带孩子，如何欢喜地给闹腾的孩子穿上厚厚的防雪服，如何在人家问她在做什么时，总能面带微笑无比自豪地说“我是一位妈妈”，那有谁想读这样的书呢？

如果你问我这辈子谁曾给过我勇气，我不会想到那些看似完美无缺实则大而不实的人物。身边的朋友及生活中的普通人，随处可以找到我学习的榜样，他们向我展示了完整的人格，其中包括人的缺陷，我从他们身上汲取勇气力量，去尝试、去行动、去成功、去失败，去做真实的、有缺陷的、独一无二的、平凡的自我。对于那些似乎总是无所不能，永远幸福圆满的人，我不感兴趣，也不觉得能从他们身上学到什么。

也可以说，没人能给我们勇气——专家、大师、医师、老师、艺术家、现实中或者小说中的英雄都给不了。生活中的好心人给我们启发、推动、激励、鼓舞、鞭策和支持，帮助我们制订策略，规划第一步，让我们意识到自身的潜能和未来的可能性。但是，他们并不是赋予了我们勇气，而是唤醒我们业已存在的勇气，启发我们大胆地行动起来。

而羞耻是外界强加到我们身上的，在家里、在单位，我们都可能接受到大量的羞耻。羞耻来自外部，到成年时，我们已经把童年时接收的羞耻内化了，我们感受到的微小羞辱都可能把内化的羞耻激发起来。与之相反，勇气来自内部。当我们出于生活经验感到独立思考、自由表达、真实行动很不安全时，勇气就被蒙蔽了。如果我们能有意识地找到能启发我们、给我们勇气的地点和人物，就能恢复大胆行动的力量——这是一个挑战，这个挑战是“我们生活在什么样的世界”“我们在这个世界中是什么样的人”等问题的核心。

The Dance of Fear

后记

每个人都可能惊恐失措

我曾看到一本美国某个国家公园的宣传手册，里面说：“如果你不幸被北美灰熊咬住，请保持冷静不动，能否保持冷静关系到你是严重受伤还是丢掉性命。”一看我就知道这种“野外生存小技巧”对我没有一点儿用，我绝对不是能在这种情形下保持冷静的人，虽然我要庆幸的是，万一处于这种险境中，我会吓得丧失知觉，动弹不得。也许那头熊没那么聪明，以为我很冷静，或者以为我死了，或者突然胃口不好，把我扔到地上，跑去寻找其他猎物了。

没有什么比保持冷静头脑更重要的了，但问题是你不一定做得到。既然这里讲到野外求生，我就再讲一个发生在野外的故事来说明这一点。几年前，我参加了一个在亚利桑那州举办的精神静修活动。活动为期两周，由卡罗琳•康格主办，卡罗琳是一位心理学家，是我见过的最有智慧的人之一。活动包括个人单独静修，我们要到沙漠里斋戒两天，禁食禁言。出发前，我们一起练习了多种不同形式的打坐冥想，团体的力量能让人获得更深沉的平静安宁，让人更能聚精会神，比个体单靠自己效果好得多。之后，我们围成一圈坐着，每个人讲一个自己的生活故事。

有一个女人讲的故事我记得最清楚，她的精神修养让我难以企及。她碰到一条蛇，她之前曾经练习过那天那样的打坐冥想，所以她知道只要能保持冷静，站在原地不动，蛇就不会对她造成伤害。然而蛇就在那里，与她面对面，而且是一条巨大的响尾蛇，蛇身盘绕在地上，头部抬起，吐着红舌，尾巴发出格格的响声，周围沙漠一片寂静。以前她在打坐冥想中练习的凝神屏息、内心平静，完全不起作用，她看到蛇，吓傻了，呆若木鸡，而这比掉头就跑管用多了。

蛇走了，留下她一个人，庆幸而失望。她本可以跟大家讲其他故事，比如面对死亡，突然看到一朵精致的蓝色小花从石缝中倔强地长出来，她深受鼓舞，奋力一搏，死里逃生。她还可以讲这个故事的其他版本，比如她突然体验到了与蛇"物我合一"的超验感，蛇被同化感化，欣然而去。

但是，她的这个真实故事才是我们需要的，故事提醒我们，面对威胁，我们都会惊慌失措。即使没有熊、没有蛇、没有其他的生命威胁，我们也无法摆脱恐惧，也无法永远把它抛在脑后。无数关于恐惧的自助指南似乎不这么认为，这些书教你各种技巧方法，要你超越恐惧、克服恐惧、战胜恐惧、无须恐惧，等等。其中有些书提供了很多有用的重要信息，但是你别指望看完就能随心所欲地克服、超越或战胜什么。对不起，涉及恐惧或其他不良情绪的时候，你做不到，因为只要你还活着，它们就会不请自来——当然它们最终还是会走的。

从主流心理健康医师到精神领袖，专家们都教导我们，处理恐惧最好的办法就是与之为友。也就是说，我们可以尝试预知、容忍、接受恐惧，观察它，看它起起落落，关注恐惧导致的身体反应，留意其发展规律，深入理解恐惧还会再次出现。恐惧是个生理学过程，它在我们体内横冲直撞，使我们痛苦难受。最终，恐惧会退去，当然，它还会回来。罪魁祸首是我们对恐惧条件反射式的自动反应，是我们逃避恐惧、焦虑、羞耻的各种表现。

当然，请不要误解我的意思：想更快地让自己舒服自在，这是一种完全自然的人类欲求。当你陷入情感困境，感到绝望无助时，寻求安慰是一种很健康的做法，而冷静下来是正确认识问题、决定如何解决问题的第一步。但你最不该做的事，就是想方设法远离恐惧和痛苦——无论是你个人的痛苦，还是外部世界的苦难。为什么我们的生活和人际关系处于如此糟糕的混乱状态？如果要找一个压倒一切的理由，那就是我们总会千方百计想尽快摆脱焦虑、恐惧和羞耻，完全不顾可能造成的长期后果。此时，我们指责、羞辱他人，不知不觉地以各种方式牺牲了自我、他人以及我们所经营的关系网。我们把一些由恐惧引发的思想和行为（以及上司的行为）误认为是真心的、正确的、必要的、最好的行为。

想到恐惧，我们往往只关注对某个特定事物的恐惧，比如坐飞机、乘电梯、赴约、生病、失败，等等。但实际上，更令人畏惧的是，如何在长期的焦虑和沉重的羞耻中处理好自己日常的生活、工作、爱情。这是人类无奈的现状。但是，正如前文所述，我们不能让焦虑和羞愧压制自己真实的声音，阻止我们倾听他人不同的声音，不能让它妨碍我们坚持清晰的立场，我们要带着同情与怜悯勇敢地行动。在这个世界上，没有什么挑战比这个挑战更重要。

致　谢

首先感谢我亲爱的朋友们，感谢他们在本书写作过程中帮我进行细致的校订，给我宝贵建议和亲身指导，与我同喜同悲，感谢他们的关怀鼓励和慷慨的精神支持。这些朋友包括杰夫瑞·安·戈迭、玛西亚·塞布斯卡、艾米丽·柯弗隆、乔安妮·苏梅克、史蒂芬妮·范·希尔施贝格、玛丽安·阿尔特－里克、汤姆·埃弗里尔、史蒂芬妮·布莱森。

基于同样的原因，我要感谢我深爱的家人：丈夫史蒂夫·勒纳，儿子马特·勒纳、本·勒纳，还有侄女艾美·霍弗。在我们这个不断壮大、幸福美满的大家庭中，用马特的话来说，每个家庭成员都是“伟大的知识分子加愚蠢的小丑”。而我要说，家里每个人在写作、编辑方面都非等闲之辈。

我的经纪人、业务代理兼好友乔琳恩·沃利在本创作项目中一如既往地表现出超强的业务能力、过人的智慧和坚定的决心。多年来，她对我工作的支持协助无以言表。新到任的是玛丽安·桑德迈尔女士，她是我通过《心理沟通者》（*The Psychotherapy Networker*）杂志认识的，她是一位极富创造力的卓越编辑，给我的写作提供了远程支持。感谢黑兹尔·布朗、艾伦·萨菲尔、珍·霍弗、朱莉·西斯、亚罗·邓纳姆，他们帮我做了很多杂事。

再次感谢 Harper Collins 出版社的全体工作人员，近 20 年来我的书都由他们出版。经历这么长的时期，我一直乐意选择同一家出版社，这是很少见的。特别感谢盖尔·温斯顿在业余时间对本书做了精彩的编辑。感谢克莉丝汀·沃尔什、凯西·亨明、苏珊·温伯格，还有出版社的其他人员，是他们辛勤的劳动让此书得以出版。另外还要感谢威尔·施特勒在封面设计方面的创意。

感谢忠实热情的读者和心理治疗客户，他们自从我进入心理治疗行业就与我分享了许多故事和经历。感谢许许多多不知姓名的人，他们给了我学识上和精神上的支持。在本书写作过程中，我搬到了位于堪萨斯州劳伦斯市的新家，受到爱丽丝·利伯曼和苏珊·克劳斯热情友好的招待，我想给她们一个热烈的拥抱，感谢她们真诚的友谊。还要衷心感谢汪达·洛尼斯，10 年来，她打理我的生活，以其出色的工作让我脱身杂务。直到我完成本书，她才迁至佛罗里达州克利尔沃特市开始新生活。

写作这本书的时候，我的母亲露丝·古德霍在马萨诸塞州剑桥市去世。对我和姐姐苏珊来说，她是慈爱勇敢的母亲；对马特和本来说，她是慷慨热心的祖母。她将永远活在我心中。这本小书献给我的母亲。